U0100071

嬰幼兒睡眠
百科全書

劉艷華 編著

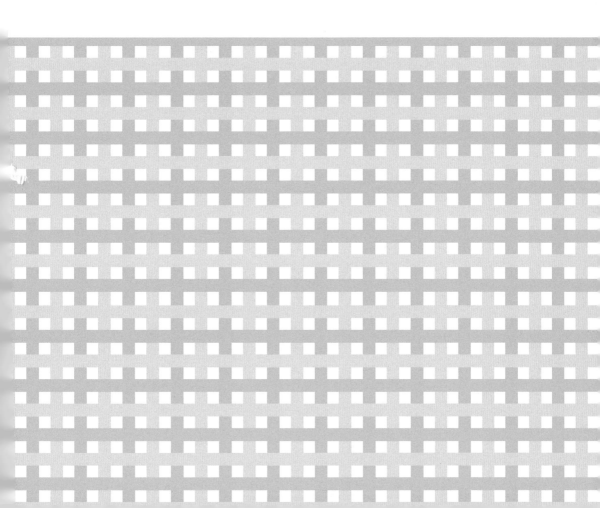

前言

「爲甚麼我的寶寶睡眠總不安穩？」

「他哪來的那麼多精力？看上去好像永遠都不會累。」

或許你仍能想起寶寶嬰兒時的樣子，當你搖着把他哄睡時，是不是覺得心都被愛融化了？然後在接下來的整個晚上，他幾乎每隔一個小時就要醒來一次，除非在你的懷抱裏才能眯上一段時間，你對此卻束手無策。

你是多麼希望你的寶寶能夠安靜下來，哪怕只是片刻時間⋯⋯

爲人父母是人生中妙不可言的一次經歷，但是，如果寶寶的睡眠質素不好，就會令人心力交瘁、倍感壓力。事實上，不只嬰兒包巾期的寶寶有睡眠問題，1/3 的學步兒會在睡前哭

鬧，一半的學步兒每天晚上會醒來一次，甚至更多次！結果，你可能天天被這個小傢伙折騰得筋疲力盡，深受爭吵、疾病、焦慮，甚至抑鬱之苦。

但是，可以放心的是，有一些切實可行的方法，可以在短短的幾天時間內幫助你解決寶寶的大部分睡眠問題。或許更美好的是，這些方法不僅從一開始就能避免睡眠問題的出現，讓寶寶整晚好眠，還能讓他變得更加有耐性，更加願意合作。

本書所探討的睡眠問題大部分都很常見，同時也讓父母們重新認識那些曾經被誤解或是忽視的嬰幼兒睡眠問題，比如說：寶寶只有在絕對安靜的環境下才能睡個好覺—錯！

肚子脹氣更容易讓寶寶半夜醒來，並且煩躁不安—錯！

讓寶寶哭個夠，是培養睡眠習慣的最好方法—錯！

本書旨在用全新的育兒理念與方法取代這些錯誤觀念，進而改善寶寶的睡眠狀況。相較於傳統的育兒法，本書分享了許多溫和有效的方法，你會瞭解到：

把喝奶睡着的寶寶叫醒可以改善他們的睡眠質素；

怎樣做能讓你的寶寶多睡一個小時或是更長的時間；

白天小睡與夜晚睡眠一樣，對寶寶也很重要；

入睡是一種可以學習的能力；

如何應對嬰兒尿床、打鼻鼾、夜驚及其他更多的問題。

每個家庭都自有一套睡眠方式，然而，寶寶能否健康成長，乃至能取得甚麼樣的成就，都植根於早期的良好睡眠習慣。

因此，父母最應該做的，就是培養寶寶正確的睡眠習慣。與此同時，預防不良睡眠模式的形成也是所有父母都應該做的事情，而且越早越好。

讓每個寶寶都能睡好覺正是本書的宗旨。當你翻閱這本書時，會喜歡上當中的實用性和易操作性。只要你能將書中講的方法合理運用到日常生活中，就能快速解決寶寶的睡眠問題，滿足你和寶寶的需要。而且，針對寶寶不同的睡眠問題，書中不僅提出一種解決方法，你還可以從中找出最適合寶寶的方法。

　　最後，祝福你們一家人都能好好睡眠！

目錄

睡眠對寶寶來說有多重要

第 1 章　一起來瞭解寶寶的睡眠

第 2 章　寶寶存在睡眠問題嗎

健康的睡眠習慣如何養成

第 4 章　0 ～ 3 個月：小嬰兒的甜美睡眠

第 5 章　4 ～ 12 個月：完成睡眠習慣的階段

第 6 章　1 ～ 6 歲：安排正確的睡眠訓練

每個寶寶都能好好睡眠

第 7 章　媽媽最關心的 11 個睡眠問題

第 8 章　紅色警報及特殊情況的應對

第 9 章　需要瞭解的其他睡眠問題

PART I

睡眠對寶寶來說
有多重要

一起來瞭解
寶寶的睡眠

睡眠究竟是甚麼

若硬要給睡眠一個理由，那麼，也許只是一些含糊的理由。比如，睡眠是爲了恢復精力，睡眠是爲了第二天能有一個良好的狀態等。事實上，幾乎沒有人能準確知道爲甚麼要睡眠。

Encyclopedia of sleep

睡眠是生物的本能

如果你聽到這個問題，可能會感到很好笑，因爲睡眠是再正常不過的行爲。任何人到了特定時間都會感到困倦，那就意味着到了應該睡眠的時間。睡眠對於人類和動物來說是一樣的，沒有任何差別。

換句話說，睡眠是生物的本能，不管是大動物還是小動物——從蒼蠅到鯨魚——都會蜷起身子睡眠。大象只需要睡 4 個小時，綿羊每天睡 8 個小時左右，獅子則會打上 20 個小時的盹兒。小鳥要睡眠，蜜蜂也要睡眠，就連植物都要睡眠。

人類爲甚麼需要睡眠

人類爲甚麼需要睡眠呢？主要有以下幾點原因：

有效補充能量

睡眠能恢復大腦的警覺性和身體的精力。

改善健康狀況

就像神奇的維他命，睡眠能強化我們的抗感染細胞（這就是青少年變成夜貓後愛生病的原因），能防止抑鬱，能降低一半患心臟疾病的機率，能減少肥胖，甚至能預防癌症。俄亥俄州的學者們發現，每晚睡眠不足 6 個小時的人，與睡眠多於 7 個小時的人相比，罹患早期結腸癌的機率高了 50%。

大腦及身體重新調整

當一個人處於睡眠狀態時，大腦會重播當天發生的事件；新的體驗會跟往事對比，然後記憶得以調整，並且很好地「歸檔」以備後用。可以這麼說，一個人睡着以後，其實大腦並沒有休息，只不過是換了一種工作方式而已。

這種記憶重組能力可以讓我們產生新的想法。難怪人們一遇到麻煩或困擾時總會說「先睡一覺吧」或「明天一早起來，就都會好了」。這並不是說睡眠會讓事情變得明朗，而是睡眠可以讓瑣碎的記憶消失，使新的解決方法湧現出來，並在我們清醒的意識中生根發芽。

更重要的是，處於生長發育階段的寶寶，其大腦還在發育，若是能保證睡眠充足，寶寶將會變得更加專注，其性情也會變得更加平和。

按正常生物鐘作息到底有多重要

寶寶的健康離不開睡眠。寶寶的睡眠質素在很大程度上取決於入睡的時間，換言之，就是父母應該幫助寶寶按照他自己的生物鐘，形成一定的睡眠規律。

Encyclopedia of sleep

生物鐘——不可違背的生物規律

　　正如你所瞭解的那樣，萬事萬物都有其特定的規律。花兒在清晨開放，在夜晚收起花瓣；大樹在每年秋天落葉，在春天長出新芽；小熊每年冬天冬眠，等到天氣變暖才甦醒過來。

　　人類每時每刻也都遵循着一定的規律進行周期性變化，包括睡眠和覺醒的周期、體內激素分泌、新陳代謝、體溫調節等多種生理行為，這個生命規律就是我們常說的「生物鐘」。

　　大腦的內在生物鐘通過清醒和睡眠和諧地控制着我們的身體，它讓我們隨着清晨的陽光醒來，夜晚再把我們送入夢鄉。人的生物鐘一旦紊亂，就容易產生不適和疾病。對嬰幼兒的生長發育來說，同樣如此。

讓睡眠與生物鐘保持同步

儘管父母常常擔心寶寶的睡眠，但有時卻又會不自覺地破壞了寶寶的睡眠，甚至這種破壞就來自父母的擔心。比如，雖然父母都希望寶寶能健康地成長，但他們自己繁忙的日程安排和一些家庭決策很可能會影響寶寶的睡眠。大多數父母往往會忽略很重要的一點：讓寶寶養成與其剛形成的生物系統一致的生活習慣。

其實，父母只需要留意一下寶寶的生活狀態，就會發現他和成人一樣，白天也有疲倦的時候。如果此時他能安安穩穩地入睡，就屬和生物鐘周期同步的睡眠，睡眠的質素自然很好。反之，如果寶寶早已釋放出疲倦的訊號，你卻遲遲不讓他去睡，他很可能已經疲勞過度了，入睡也就會變得更加困難。

按生物鐘培養良好的生活習慣

每個人體內都有調節一天時間的隱形生物鐘，寶寶也一樣。如果想讓寶寶在父母希望的時間睡眠，就要把寶寶體內的生物鐘調整到相應時間。為此，父母需要瞭解寶寶在不同時期會出現哪些晝夜規律的變化。

新生兒　多數新生兒仍然遵循在媽媽子宮裏的生活節奏，沒有形成固定的吃、睡、玩的時間，每天基本上都是在睡眠中度過的。

出生 3 周以後的寶寶　開始表現出夜裏睡眠、白天覺醒的行為。

3 個月的寶寶　建立晝夜分明的生物鐘規律。

1～2歲的寶寶	這一階段寶寶的睡眠時間由 14 ～ 15 個小時逐漸減少至 13 ～ 14 個小時，大多可以分辨出白天和夜晚，大腦皮層不再需要過長的休息時間便可恢復功能。
2～3歲的寶寶	睡眠時間繼續減少，縮短爲 12 ～ 13 個小時，這說明寶寶的腦功能得到了進一步調整。
3～6歲的寶寶	到了這個年齡段，大部分寶寶在白天已不再睡眠。如果他們偶爾睡午覺的話，晚上的睡眠時間就會減少。他們一般會在晚上睡 10 ～ 12 個小時。

由此看來，從嬰兒時期開始，父母就應該有意識地培養寶寶的生活規律，從而調整寶寶的生物鐘規律，讓寶寶建立正確的條件反射，養成良好的生活習慣。

睡眠小知識：胎兒也有生物鐘

科學實驗證明，胎兒在媽媽的子宮內就可以判斷白天和黑夜了，並且會隨着孕媽媽的生活作息習慣慢慢地形成規律性的生活，這就是胎兒的生物鐘。事實上，良好的生物鐘不僅能讓胎兒睡眠充足，有利胎兒的發育，而且寶寶出生後，也比較容易適應白天活動、晚上睡眠的作息規律。

睡眠期間發生了甚麼——REM 睡眠和 NREM 睡眠

並不是每個寶寶都能睡得香甜，大部分寶寶通常都睡得很輕很淺，很容易醒。正因爲這樣，我們才需要瞭解睡眠背後的生理機制，以便有效地幫助寶寶更好地入睡。

Encyclopedia of sleep

快速眼動睡眠 (REM) 和非快速眼動睡眠 (NREM)

科學研究表明，人的睡眠從晚上持續到早上並不是一成不變的，而是由兩種不同類型的睡眠循環組成：「Rapid Eye Movement，REM 睡眠」（此時你的眼球會快速轉動）和「Non Rapid Eye Movement，NREM 睡眠」（此時你的眼球處於完全靜止不動的狀態），通俗地說就是「做夢」和「深睡」。

成年人的睡眠一般是先從非快速眼動睡眠開始的，在入睡 90 分鐘後即進入快速眼動睡眠期。快速眼動睡眠期持續 30 分鐘。此後，兩個睡眠期交替出現，在整個睡眠中反復出現 4 ～ 5 次。通常，完成一次 NREM 和 REM 爲一個周期，我們把這個周期叫作一個睡眠周期。

一般來說，在人的不同成長階段，睡眠結構也會不同。嬰幼兒與成年人的睡眠結構就存在很大差異。比如，成年人睡眠中快速眼動期只佔

20% ～ 25%，而嬰幼兒快速眼動期佔睡眠總長的 50% 以上，這也是為甚麼寶寶總是睡得很淺，並且容易醒來的原因。當寶寶長到 3 ～ 4 歲的時候，才能建立和成年人基本相似的睡眠模式。

非快速眼動睡眠——大腦休息的關鍵期

非快速眼動睡眠期分為淺、中、深睡眠三個階段，第三個階段最能讓人恢復體力，可以說是睡眠的最佳時刻。當寶寶處於這種最深的睡眠狀態時，很難被叫醒。同樣，在這個階段，筋疲力盡的家長可能會不小心壓到寶寶並引發窒息，因此要格外小心。

在第三階段結束的時候，大腦會慢慢回到輕淺假寐的第一階段。這時人對身邊的動靜會表現得非常敏感，但如果一切正常，往往會再次入睡，甚至不記得自己醒來過。

快速眼動睡眠——充滿夢和記憶的睡眠期

在這個階段，寶寶的呼吸並沒有規律，臉上會浮現淺淺的微笑，有時候還會做鬼臉。快速眼動睡眠階段更是充滿了夢和記憶，寶寶會有一段非同尋常的體驗，他會更加專注於在夢境中所看到的和聽到的，並同過去的回憶進行對比，將它們作為新的記憶重新歸類整理。快速眼動睡眠結束後，寶寶會停止做夢，大腦進入非快速眼動睡眠。

寶寶和成人的睡眠一樣嗎

寶寶和成人一樣，做夢期和深睡期會在夜裏多次相互交替，但是寶寶和成人的睡眠又有所不同。

Encyclopedia of sleep

寶寶和成人睡眠的相同及不同之處

寶寶和成人的睡眠有很多相似的地方。比如，疲倦的時候都會打哈欠，入睡時都有自己獨有的有助入睡的小玩物，比如，有自己偏愛的枕頭、玩具等。不過，寶寶和成人之間的睡眠也存在很多不同之處，主要有以下幾點：

更早更易感到疲倦

大多數寶寶在晚上 9、10 點就會入睡；6 個月至 6 歲之間的寶寶，在晚上 8、9 點就會上床睡眠。

睡得更多

2 ～ 6 個月的嬰兒，白天每隔一兩個小時就要小睡一次，夜間可以睡 6 ～ 10 個小時；到了 2 歲，寶寶每天的睡眠時間逐漸減少到 11 ～ 12 個小時；5 歲的時候，睡眠時間會減少到 10 ～ 11 個小時，而且大多數寶寶不再小睡。

睡眠周期不一樣

成人的睡眠周期為 1 個半小時，寶寶的睡眠周期只有 1 個小時。這就意味寶寶每隔一個小時就會回到容易受干擾的睡眠狀態，這也難怪寶寶容易被肚餓或長牙這些不適所打擾。

睡眠階段的混合規律不同

首先，寶寶一旦睡着，會直接進入快速眼動睡眠，成人則是先進入非快速眼動睡眠。其次，成人每晚有 75% ～ 80% 的時間處於恢復體力的非快速眼動睡眠中，寶寶只有 50% 的時間處於這種睡眠狀態。

睡眠中快速眼動睡眠佔的比例更大

寶寶有 50% 的睡眠時間處在做夢和記憶的階段，這讓寶寶有充足的時間對大腦的記憶進行歸類整理。實際上，寶寶的大腦很快就會被自己感興趣的事情塞滿，比如迎風飄飄的彩旗、顏色鮮亮的氣球等。對寶寶而言，眼前的一切都是新鮮和有趣的。而成人需要的快速眼動睡眠僅為 20% ～ 25%。對成人來說，每天經歷的大多數事情根本不是甚麼新鮮事，或者瑣碎到不值得記住。

寶寶即使睡着　大腦仍然在學習

寶寶快速眼動睡眠所佔的比例之所以較大，這與其生長發育的需求有關。睡眠專家的研究指出：寶寶的這種睡眠狀態能為他提供足夠的內部刺激——通過夢境刺激神經束和神經末梢，就像聽覺和視覺刺激神經的作用一樣。如此看來，寶寶即使睡着了，大腦還處於「學習」狀態。這也解釋了為甚麼寶寶時常會睡不安穩，出現眼球轉動、表情怪異、呼吸不勻等情況。

其實，寶寶出現這些都是寶寶的正常生理現象。一旦出現這些情況，媽媽也不必擔心，只要保持穩定的情緒，用溫柔的聲音安撫並進行撫摸，很快就能讓寶寶安定下來。只要寶寶平時心情愉快，一般不會造成不良的影響。

如果寶寶睡眠不足會發生甚麼

寶寶的睡眠與營養補充同等重要，因爲寶寶睡不好會影響其生長發育和心智發展。因此，關注寶寶的睡眠問題，提高寶寶的睡眠質素是每位父母應盡的責任。

Encyclopedia of sleep

你家寶寶是否睡眠不足

不少父母認爲，寶寶不到晚上 11 點就不想上床睡眠，這說明寶寶不需要那麼多睡眠時間。事實並非如此，這樣只會導致寶寶睡眠不足。我們可以通過以下問題判斷寶寶是不是睡眠不足：

1. 每次外出時，寶寶是不是一上車就會睡眠？
2. 很多時候，寶寶都需要你來叫醒，否則不肯起床？
3. 寶寶在白天是不是很容易發脾氣，表現得脾氣暴躁或過度疲勞？
4. 相比平日，寶寶是不是早早就睡眠了？

如果以上任何一個問題，你的回答都是「是」，那就說明你的寶寶很可能就是睡眠不足。

寶寶睡不夠影響深遠

睡眠對寶寶的生長發育是特別重要的，生長激素會在每一個睡眠周期裏分泌出來。老話說的「寶寶睡一覺長一點」是有道理的。

可見睡眠對寶寶的重要性。那麼，睡眠不足又會對寶寶有哪些危害呢？主要有以下幾點：

生長激素影響身高

很多父母覺得只要寶寶的飲食、運動跟得上，甚至只要寶寶補好鈣，長個子就不是問題。其實不然，睡眠也是影響寶寶身高的一個重要因素。生長激素是寶寶身高增長的必需因素，而大部分生長激素是在寶寶進入深度睡眠後釋放出來的。所以說，剝奪寶寶的睡眠就相當於剝奪了他們的「生長權」。

降低免疫能力

睡眠有助於增強人體免疫力，如果寶寶經常睡眠不足，就會使身體的免疫力下降，從而極易誘發各種疾病，比如神經衰弱、近視、食慾下降、感冒等。

破壞腦部發育

0～6歲是寶寶大腦形成的關鍵時期。科學研究發現，寶寶在熟睡之後，腦部的血液流量明顯增加，這有利於促進腦蛋白質的合成，以及寶寶智力的發育。相反，睡眠不足則會破壞腦部負責近期學習記憶的海馬神經區域，所以，睡眠不足對寶寶記憶力的破壞是不可彌補的。

誘發壞情緒

睡眠不足會對大腦海馬體造成傷害，而海馬體又是產生積極情緒的腦組織。一旦這個地方受到傷害，人的情緒就會變得消極。嬰幼兒時期處於情緒調節發展的重要時期，如果長期睡眠不足，那麼壞情緒就會伴隨寶寶的整個成長過程，使寶寶形成不良的性格。

> 寶貝，你只有睡得飽飽的，才能更健康、更聰明哦！

睡眠新主張：尊重寶寶的個體性

　　一說到寶寶到底睡了多長時間，很多媽媽總是很模糊，因爲寶寶的睡眠完全沒有規律，媽媽也從未認真地計算過寶寶的睡眠時間，只是憑感覺。其實，只要寶寶的精神狀況良好，就說明睡眠時間沒有問題。而且每個寶寶都存在個體差異，睡眠也不例外，父母要學會尊重寶寶的特點和個性。

第 2 章

寶寶存在睡眠問題嗎

寶寶有睡眠問題嗎

對於大多數初爲父母的人來說，寶寶的睡眠質素是家裏的頭等大事，因爲其對寶寶的生長發育起着極爲重要的作用。然而，就是睡眠這樣一件小事卻困擾着許多新手爸媽們。

Encyclopedia of sleep

　　關於睡眠問題，我們往往忽視其重要性，認爲睡眠不好只是一時，其實久而久之，會對身體造成危害。對於寶寶來說，睡眠質素會直接影響寶寶的身體發育和智力發展。

　　寶寶與成人一樣，存在很多睡眠問題。父母應該對此加以足夠的重視。仔細想想，你的寶寶是否存在以下這些問題：

1. 寶寶明明已經很疲倦，可是越打哈欠越不想睡。
2. 寶寶白天睡得天昏地暗，一到晚上就會入睡困難。
3. 一旦你把寶寶放到床上，他就會醒來，而你誤以為寶寶已經睡了。
4. 寶寶已經一動不動地睡了十分鐘，可是你一走他就會醒，哪怕動靜再輕。
5. 寶寶白天經常睡半小時就會醒來。
6. 看着寶寶甜甜地入睡了，可是有時身體卻會抽動一下。
7. 以前睡得好好的，但生了一場病後就夜間醒來許多次。

　　當然，寶寶的睡眠問題遠不止這些，很多媽媽的焦慮恰恰來自於對寶寶睡眠的不瞭解，為了幫助寶寶養成良好的睡眠習慣，父母必須認識到一個重要的事實，那就是雖然人類不用學就會睡眠，但是，良好的睡眠習慣卻不是與生俱來，而是需要後天的培養，負責這項任務的人就是寶寶的父母。

　　作為父母要清楚寶寶的睡眠問題都是可以預防或解決的。父母們只要認真學習寶寶睡眠的相關知識，相信一定能夠讓寶寶擁有一個健康的睡眠。

容易引起寶寶睡眠問題的 6 種原因

畫夜顛倒、頻繁夜醒……想必這是很多媽媽都遇到過的情況。對此，媽媽們就認為寶寶的睡眠出了大問題。其實不應給寶寶貼上這樣的標籤。寶寶的睡眠只是需要調整而已。

Encyclopedia of sleep

　　容易引起寶寶睡眠問題的原因有很多，以下列舉幾種最主要的原因供父母們參考：

第一個寶寶

　　對於初為父母的人而言，常常為寶寶的一些小事感到不安，於是過分地愛護寶寶，丟失最基本的教養原則——慣性，從而可能會讓寶寶形成多種不良的生活習慣，比如寶寶出現睡眠問題。

寶寶生病了

　　寶寶一旦發病，父母常常是加倍呵護，只要寶寶醒了，就會把他抱在懷裏，這樣做往往會增加寶寶養成不良睡眠習慣的可能性。

和寶寶同睡一張床

很多寶寶出生後就與父母同睡一張床，這會讓寶寶的心理產生一種安全、溫暖的情感，但是寶寶也可能因爲父母的動靜而被驚醒，或是出現睡眠不沉或半夜哭鬧等睡眠問題，影響生長發育。

母乳餵養的寶寶

在這種情況下，母乳餵養容易讓寶寶養成一邊睡一邊吃，或是叼着奶嘴睡眠的習慣，這對寶寶的深度睡眠很不利。事實證明，吃母乳的寶寶相比吃奶粉的寶寶，發生睡眠問題的機率會高出兩倍以上。

不良習慣

很多媽媽喜歡抱着寶寶哄睡，直到寶寶熟睡後才把他放在床上。如果經常這麼做，寶寶每次醒來，都會要求媽媽抱着他，因爲只有這樣，他才可以安靜入睡。其實，把沒有完全睡着的寶寶放下，培養他自己入睡的習慣才是最好的。

家庭情況的變化

旅行歸來或家裏有患者，寶寶的睡眠習慣往往會受到影響。

正如很多父母已經認識的那樣，寶寶能否在兒童期健康成長與早期的良好睡眠習慣息息相關。而早早地發現寶寶的睡眠問題對培養寶寶的睡眠習慣尤爲重要，而且能免去許多家長的睡眠不足之苦。因此，父母要儘早糾正寶寶的睡眠問題，以幫助其養成良好的睡眠習慣。

判斷寶寶睡眠是否健康的 5 個標準

很多父母認爲睡眠有利寶寶大腦發育，所以睡得越多越好。事實上，每個寶寶在不同的年齡段和不同的環境中所需要的睡眠時間都不一樣，有些寶寶睡得少，有些寶寶睡得多。

Encyclopedia of sleep

健康的睡眠模式很重要

你的寶寶擁有健康的睡眠模式嗎？相信很多父母都很難準確地回答這個問題。要想知道問題的答案，可以從以下幾個方面來判斷：

1. 寶寶在白天和夜裏睡眠持續時間的長短。
2. 寶寶一天小睡幾次？每次小睡持續多長時間？
3. 寶寶的睡眠是否固定。
4. 寶寶的睡眠是否有規律。
5. 寶寶睡眠安排與睡眠時間的掌握。

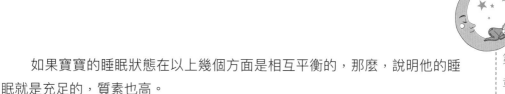

如果寶寶的睡眠狀態在以上幾個方面是相互平衡的，那麼，說明他的睡眠就是充足的，質素也高。

一般來說，隨着大腦的發育，嬰幼兒的睡眠模式和節奏也在發生變化。如果父母能相應地調整自己的育兒行為，寶寶就能睡得更好，而且還能幫助寶寶養成良好的睡眠習慣。但是，如果父母沒有注意到這些變化，或是沒有及時調整自己的育兒行為，寶寶就容易出現過度疲倦的現象。為此，父母必須密切關注嬰幼兒睡眠需求的變化。

如何判斷寶寶的睡眠是否正常

不同的寶寶因個體差異，所需的睡眠時間也會有所不同，並沒有統一的時間，父母也不宜做硬性規定。只要寶寶食慾好、生長發育正常、睡得踏實，就說明每天的睡眠是正常的。那麼，如何判斷寶寶的睡眠是否正常呢？

仔細觀察寶寶睡着時呼吸是否平穩，體溫是否正常，面色是否紅潤，是否容易被驚醒。如果寶寶睡眠時常常翻身、睡得不踏實，白天有不明原因的煩躁、食慾不佳，很可能與睡眠不足有關，應查明原因及時處理。

此外，寶寶的食慾、大小便、精神狀態是否有變化。如果寶寶有嗜睡、厭食、不哭、不動，或是入睡後很容易被驚醒、哭鬧不安、多汗等情況，千萬不要誤認為是生理現象，應及時去醫院查明情況，以免耽誤病情。

🌙 睡眠小貼士

寶寶的睡眠時間並非越長越好。如果寶寶睡眠時間過長，超過了生理範圍或平時的睡眠時間，那麼就要關注寶寶是不是生病了，因為睡眠狀況也是反映寶寶是否生病的指標之一。

相關閱讀：與寶寶睡眠相關的 4 條生物規律

父母想要更深入地理解寶寶規律作息的重要性，就必須對以下與寶寶睡眠相關的 4 條生物規律有所瞭解。

第 1 條生物規律：

寶寶剛出生的時候是醒着的，接着入睡，然後又醒來，然後再次睡着。這幾個醒來的階段是可以預計的，與寶寶是否肚餓無關。

第 2 條生物規律：

在這個睡 / 醒的模式中，寶寶的體溫變化也形成了規律，並且開始對寶寶的睡 / 醒周期產生影響。一般來說，寶寶白天的體溫升高，晚上的體溫則降低。寶寶出生 6 周左右時，白天睡着後的體溫大大高於晚上的體溫。與此同時，晚上的哭鬧行為開始減少，睡眠變得有規律可循。而寶寶在 6 周以後，晚上睡着後的體溫會進一步降低，睡眠時間也逐步延長。

第 3 條生物規律

寶寶出生 3 個月以後，皮質醇的分泌規律開始形成，這是一種激素，若是長期睡眠不足則會導致皮質醇的增加。皮質醇分泌的規律部分與寶寶睡 / 醒節奏相關，部分與體溫變化規律相關。

第 4 條生物規律

褪黑激素的分泌規律。褪黑激素是掌管人體睡眠規律的一種激素。新生兒體內的褪黑激素是由母體通過胎盤傳輸給嬰兒的，所以體內循環的褪黑激素水平比較高。嬰兒出生 1 周內，承自母體的褪黑激素逐漸消失。嬰兒 6 周後，隨着大腦松果體的發育，開始分泌褪黑激素，但是量非常少。直到 12 周或 16 周大時才會有所增加。每天褪黑激素的分泌量在夜間達到最高值。寶寶在半歲時，褪黑激素的分泌量會受到睡 / 醒節奏的影響。

睡眠模式與智商和學習能力有關嗎

每個寶寶在不同年齡段表現出來的睡眠模式並不相同,那麼,寶寶的不同睡眠模式與其智商和學習能力有關嗎?

Encyclopedia of sleep

對於完全健康的寶寶來說,他們的睡眠模式的確會影響其智商和學習能力。這裏我們針對嬰兒、學齡前兒童及學齡兒童這 3 個年齡段做一個簡單的分析。

嬰兒

也許你已經注意到,當寶寶處於安靜覺醒的狀態時,他的眼睛會睜得大大的、亮亮的,看上去非常靈敏,對周圍的事物表現出極大的興趣。

但是,如果寶寶經常處於活動覺醒的狀態,往往會表現得愛哭鬧、纏人或脾氣不好,這與體內的化學物質,如黃體酮、皮質醇等,不能達到平衡有關。研究表明,如果嬰兒體內皮質醇過多,會導致嬰兒長時間處於活動覺醒的狀態。

尤其要注意的是，相比那些不用太操心就能安然入睡的寶寶，這類寶寶不僅每次睡眠時間較短，作息活動不規律，也常常難以集中注意力，學習新事物的速度也相應要慢。久而久之，很容易變成缺乏睡眠、易疲倦，以及多動的寶寶。

研究還發現，寶寶白天睡眠時間的長短與其注意力的長短也有密切關係。也可以這麼說，寶寶白天小睡時間越長，對事物集中注意力的時間也相應地要長，而且學習新事物的速度也會更快。

學齡前兒童

通常小睡質素高的寶寶，適應力也很強。反之，寶寶小睡時間越短，適應能力就越差，而且晚上醒來的次數也較多。

事實上，這與寶寶是否有一種長期穩定的睡眠模式有關。那些即使在 6 個月大的時候愛鬧、愛發脾氣，到了 3 歲左右的時候突然變得很招人喜愛的寶寶，就是因爲已經形成了一種長期穩定的睡眠模式。所以說，沒有適應能力差的寶寶，只有不會養育的父母。

學齡兒童

很多上班族父母爲了能夠多陪伴寶寶，常常推遲寶寶上床睡眠的時間，偶爾這麼做也沒甚麼關係，但是長時間如此，寶寶就會缺少睡眠，而睡眠缺失累積的直接後果就是影響寶寶的學習能力。

有研究表明：智商高的兒童的總睡眠時間比其他兒童的要長。研究還指出，智力超群的兒童，每晚睡眠時間要比同齡兒童的平均睡眠時間多 30 ～ 40 分鐘。

寶寶每天需要睡多長時間

我們都有過這樣的體驗：如果睡眠時間短，就會感到非常疲倦。其實，寶寶也是如此。但是，究竟睡多長時間才算夠呢？

Encyclopedia of sleep

新生兒和嬰幼兒的睡眠時間

寶寶剛出生後的前幾天，每天需要睡 20 個小時左右。寶寶長到 4 個月左右時，每天的睡眠時間會減少到 14，15 個小時，夜晚會有一次睡大覺，將近 9 個小時。這意味着寶寶的神經發育正在逐漸成熟。另一方面，隨着寶寶的長大，開始對周圍好玩的事物感興趣，比如奔跑的小狗、舞動的樹葉等，而這些都會干擾他的睡眠。

值得注意的是，寶寶在 3、4 個月大的時候，其睡眠往往不會受到周圍環境的影響。這實際上是體內調節機制在發出指令：「乖乖，你該睡了。」於是，他們就真的入睡了。當體內調節機制告訴他們該醒了，他們也會自動醒來。由此看來，在寶寶 3、4 個月大之前，父母大可順着寶寶的睡眠需求，不要刻意規定寶寶的睡眠時間，也不要強迫寶寶入睡或是醒來。

睡眠小知識：寶寶易怒、易醒究竟是誰惹的禍

很多寶寶在一兩周的時候會出現這樣一種狀態：愛生氣、愛哭鬧，或是變得機敏、清醒，這種狀態會一直持續到寶寶 6 周大的時候，然後逐漸變得平靜。這是寶寶體內一種神經系統造成的暫時的額外刺激。父母不必太緊張，隨着寶寶大腦的成熟，這一階段自然會過去。

1 ～ 2 歲寶寶的睡眠時間

這個階段的寶寶每天的睡眠時間在逐漸縮短，大多為 12 ～ 14 個小時，有些寶寶白天小睡可能會降到只睡一次。這是因為隨着年齡的增長，寶寶身體各個系統的發育逐漸完善，接受外界事物的能力和興趣也越來越強，睡眠時間自然逐漸縮短。

3 歲寶寶的睡眠時間

一般來說，3 歲左右的寶寶每天需要睡 12 個小時，其中晚上睡 10 ～ 11 個小時，白天睡 1 ～ 2 個小時。這個年齡段寶寶所需要的睡眠時間的長短取決於這一天的活動量，以及寶寶是否生病、生活規律的改變等。

另外，如果 3 歲大的寶寶白天能夠小睡一覺的話，其適應能力遠比白天不再小睡的寶寶強得多。另外，白天的小睡並不會影響到夜間的睡眠，因為無論白天小睡與否，夜間的睡眠時間都是 10 個小時左右。

白天睡眠時間長的寶寶，更容易集中注意力，無論是天上的雲彩、地上的樹木，還是爸媽的臉，他們都能很認真地觀察。而那些白天睡眠時間短的寶寶，注意力是斷斷續續的，從周圍環境學習的能力則較差一些，玩具和周圍事物也很難取悅他們。不僅如此，3 歲左右的寶寶，如果睡眠充分，往往

能給周圍人帶來很多的快樂，易與人相處，不那麼纏人。相反，則容易愛哭愛鬧，還有多動症、肥胖的傾向。

 睡眠新主張

　　父母的育兒方式常常會對寶寶的睡眠時間長短產生影響，進而影響寶寶的行爲。這就意味着，在照顧寶寶的同時，如果父母足夠細心，及時把握寶寶變化的睡眠需求，這對幫助寶寶養成良好的睡眠習慣非常有利，而且寶寶也會變得越來越健康，越來越機敏。

學齡前寶寶的睡眠時間

　　學齡前寶寶晚上會睡 10 ～ 12 個小時，白天已經不需要小睡。如果他們偶爾睡午覺的話，晚上的睡眠時間就會減少。大多數學齡前寶寶已經能夠自己重新入睡了，而且他們也能夠記得自己做過的夢，還會用生動的語言描述出來。另外，在睡眠的問題上，他們仍然會有反復，表現得十分抗拒上床睡眠，以此來考驗你的耐性程度。

小寶寶也做夢嗎

如果你的寶寶在睡眠時笑醒，或是突然驚醒，然後哭起來，這可能是寶寶做夢了。下面就爲大家揭秘一下寶寶的夢中世界吧！

Encyclopedia of sleep

小寶寶做夢嗎

不少父母發現寶寶睡眠的時候會有一些奇怪的行爲：手脚亂動、嘴巴不自覺地張合，或者發出奇怪的聲音，也有的寶寶睡着後會突然大哭，既不是生病不舒服，也不是要大小便或肚子餓，但就是哭，怎麼哄都不行，這是怎麼回事呢？

這是寶寶在做夢。有研究表明，寶寶在媽媽肚子裏的時候，就已經開始做夢了。做夢，其實是部分大腦神經在睡眠中仍然活動的一種表現。

也許很多父母會有這樣的疑問：大人做夢的內容大多和日常生活有關，但是小寶寶又會夢到甚麼呢？研究表明，人類基因是有記憶的，也就是先輩的一部分經歷和情感記憶會通過基因記憶延續給後代，所以寶寶肯定會做各種各樣令人興奮不已的小孩夢，比如甜美的笑臉，吐着舌頭的狗，甜甜的、溫熱的奶水。

另外，心理學家還發現，基本上，幼稚的寶寶做的是幼稚的夢。5歲以下的寶寶，通常夢見的是靜止的動物畫面，或是平時吃飯及其他日常行為的畫面。

大多數寶寶從3、4歲起就能零星地記得做夢時發生的事，但要清楚記住夢裏的片段要到6、7歲。有趣的是，跟成人的夢相比，寶寶的夢充滿了快樂的情感。

寶寶做夢　家長應該如何做

如果寶寶在睡夢中喃喃自語、咯咯地笑，家長不需要過多干預，這是寶寶在夢中和別人「對話」，只不過寶寶還不會真正意義地說話，只要寶寶在夢境中過了那個情節，就會乖乖入睡了。

如果寶寶在睡夢中突然手腳亂動，家長不要急着抱起寶寶，也不需要說太多的話，因爲寶寶聽到父母的聲音很可能會醒來，再次入睡就會變得非常困難。家長最好是用手輕輕拍打安撫，直至寶寶再次安穩熟睡。

此外，還有一種情況最令家長頭痛，那就是寶寶睡得好好的突然尖叫大哭，無論怎麼哄都不管用，遇到這種情況，很多家長常常是一邊抱着搖晃，一邊說「寶寶乖，不哭」，結果寶寶不但沒有停止哭泣，反而哭得更厲害了。

其實，這完全是父母自以爲是的想法，卻很少想過寶寶的真正感受。不妨回憶一下，你被噩夢嚇醒時的反應，是不是心有餘悸，久久不能平復？心智發育成熟的成人尚且如此，更何況年幼的寶寶呢？當寶寶的情緒得不到家長的理解和安撫時，他們就會感覺委屈、無助，以致他們的反抗情緒更加強烈，哭聲也越演越烈。

明白了這些道理，父母不妨多站在寶寶的角度，先要自我保持冷靜，然後輕輕拍打或撫摸寶寶，用溫柔的聲音對他說：「寶寶不怕，媽媽在，你是在做夢，看到的不是真的，爸爸媽媽都會在你身邊保護你。」媽媽溫柔的喚醒可以讓寶寶意識到夢境是虛假的，幫助他們恢復情緒，快速進入下一階段的睡眠。

當然，與其耗費時間、儘力安撫睡夢中被驚醒的寶寶，倒不如儘量減少寶寶做噩夢的機會。對此，父母可以參考以下幾個建議：

1. 寶寶的睡眠環境要安靜舒適，但沒必要刻意降低日常活動的聲音，因為如果寶寶習慣了太過安靜的睡眠環境，反而容易被輕微的聲音驚嚇到。

2. 寶寶的睡前活動不宜過於劇烈，也要避免逗弄或嚇寶寶，否則會導致寶寶長時間沉浸於興奮中而難以入睡。

3. 不要跟寶寶說一些欺騙、玩弄的話，比如「爸爸媽媽不要你了」之類，這樣會讓寶寶缺乏安全感。

4. 注意寶寶的睡姿，儘量不要讓他趴睡，也不要讓他把手放在胸部，否則他的心臟很容易受到壓迫而做噩夢。

其實，在陪伴寶寶成長的過程中，懂得站在寶寶的立場上想問題，並接納寶寶，你會發現很多事情並沒有我們想像中那麼複雜。

睡眠小知識：關於寶寶做噩夢的那些事

噩夢是人在睡眠中體驗的一種負面感情，所以有負面感情才會有噩夢。3 歲以內的寶寶是沒有恐懼心理的，所以不會做噩夢；3 ～ 5 歲的寶寶做噩夢的情況也很少；5 ～ 10 歲則約有 25% 的寶寶每周做一次噩夢；十幾歲的少年做噩夢的比例最高。

極端哭鬧纏人寶寶的睡眠問題

有研究表明，約有 20%的寶寶極端哭鬧、纏人是異常的表現，他們總處於緊張、易怒的狀態，難以入睡，睡眠又很輕。對於這樣的寶寶，家長需花費更多的時間和精力關注、陪伴他們。

Encyclopedia of sleep

有研究發現，極端哭鬧、纏人的寶寶剛出生的時候，幾乎不會有纏人的表現，而到出生後 3 周的時候，則容易出現纏人的表現，在一天當中會突發性地哭、易怒，即使抱起來還是會哭個不停。

那麼，究竟是甚麼原因導致寶寶的極端哭鬧、纏人呢？有研究認為，這主要是寶寶體內的 5– 羥色胺與褪黑激素失衡造成的。另外，愛哭鬧、纏人的寶寶體內皮質醇濃度的變化很大，而脾氣溫和的嬰兒體內這種激素的濃度往往保持在一個較為穩定的水平。可見，皮質醇濃度也是寶寶哭鬧、纏人的一大原因。

一般來說，極端哭鬧、纏人的嬰兒入睡往往比較困難，而且更容易被驚醒。另外，8 個月大的纏人嬰兒的睡眠時間明顯比正常嬰兒要短，前者為 11.8 個小時，後者為 14 個小時。

此外，和正常嬰兒相比，極端哭鬧、纏人的嬰兒在下面這些方面往往表現得較為遜色：上床睡眠的時間比正常嬰兒晚、學會自我入睡的時間比正常嬰兒晚、每次睡眠時間比正常嬰兒短、夜裏醒來次數多、睡眠不規律、小睡時間短。

在纏人期過後，那些曾經極端纏人的寶寶的睡眠時間往往要短於正常的寶寶，前者為 13.5 個小時，後者為 14.3 個小時。然而，隨着寶寶的生長發育，二者的差距將會逐漸縮小。

在這個轉變的過程中，很多父母卻忽略了這樣一個事實：溺愛剝奪了寶寶學會自我入睡的機會。例如，有些嬰兒經常夜驚，屬極端纏人型的寶寶，但是有的父母表現得情緒過於激動，有的父母則表現得過悲觀，寶寶越纏人，父母情緒越沮喪。甚至有的父母因為無法改變照顧寶寶的方式，而對解決寶寶睡眠問題毫無辦法。這樣一來，父母不當的照顧方式只會加重寶寶的睡眠問題，最終導致所有家人都筋疲力盡。所以，如果能夠成功地解決寶寶哭鬧的問題，每位家庭成員都會快樂、輕鬆很多。

第 3 章 把小睡問題扼殺在萌芽狀態

小睡和夜間睡眠一樣重要

想要讓寶寶保持健康、快樂，睡眠是很重要的一個因素，尤其是小睡，它不僅能補充寶寶不足的夜間睡眠，還能起到與夜間睡眠不一樣的作用。

Encyclopedia of sleep

很多時候很多父母認為寶寶看上去精力充沛，完全不需要每天的小睡時光。其實不然，雖然寶寶看上去精力充沛，但讓他適當地小睡一會兒還是很有必要的。

睡眠新主張

雖然午睡時間隨着寶寶的成長而縮短，但未滿 1 個小時的午覺絕對無法充分消除寶寶的疲勞。所以，父母應儘可能讓寶寶午睡 1 個小時以上。

很多成年人都有過這樣的經歷：中午抽出一點時間小睡，會使自己重新精神煥發。因為經過上午的學習或工作，我們的生理狀態進入低潮。而適當小睡則能有效緩解疲勞，使人放鬆心情。總之，小睡對成年人來說很重要，而對寶寶來說就更加重要。

　　有研究指，小睡能夠有力地推動寶寶認知能力的發展。仔細觀察那些小睡有規律的寶寶，你會發現，他們在學習新的知識、探索周圍的世界時也是興致盎然，表現出極度開心的樣子。

　　有規律的小睡還可以讓寶寶變得更有耐性，對寶寶的注意力也有很大影響。讓學齡前兒童養成睡午覺的好習慣，還有助緩解寶寶焦慮和抑鬱的情緒。雖然很多不睡午覺的寶寶也沒出現甚麼問題，不過，如果經常錯過午睡時間，就會加重寶寶的厭煩情緒，還可能會因不安情緒而引起過激行為。因此，為了寶寶更健康地成長，父母應該保證其有充足的小睡。

　　讓寶寶睡午覺的另一個重要原因也是，為了讓媽媽能夠得到休息的時間。因為只有媽媽身心健康，才能更好地撫養寶寶，而媽媽身心疲累，則很容易失去耐性，既影響自身的健康，也不利寶寶的生長發育。

睡眠小貼士

　　很多家長認為寶寶 4 個月大以後，小睡問題就不用操心了。事實上，你仍然需要安排並照顧好寶寶的小睡，否則寶寶很可能就會因缺乏小睡而影響晚上的睡眠。

當兩次小睡變成一次小睡

大多數寶寶在1～2歲時，睡眠會出現一個過渡期，就是每天小睡一次不夠，但是小睡兩次好像時間又有點太久。這時，父母要運用方法，幫助寶寶順利渡過這個過渡期。

Encyclopedia of sleep

寶寶生物鐘需要多少？

　　大多數寶寶在1～2歲時，小睡漸漸地由每天兩次減少為每天一次。細心的家長可能已經發現自己的寶寶上午沒有睡眠也不太哭鬧、不太疲倦，下午的睡眠時間反而有所增長，即使強行哄寶寶睡眠，他也無法入睡，這其實是寶寶小睡次數減少的訊號。

　　嬰兒的小睡由兩次減為一次，是嬰幼兒自身生物鐘的需要。想必任何一位家長都會對寶寶小睡懷有深深的感激之情，因為中午一兩個小時的安靜時間對父母或看護者來說簡直太重要了，它能幫助你從上午的疲倦中恢復體力，同時為下午做好準備。

如何幫助寶寶完成轉變

雖說大多數寶寶在 1～2 歲時會放棄第二次小睡，但是，這並不是固定的。有時寶寶上午不再小睡，有時寶寶下午不再小睡，還有些時候是調換來，就是說，昨天他還在上午小睡，可是今天突然就改在下午小睡了。

如果寶寶上午不再小睡，能開心地玩耍，這是一件好事。雖說大多數寶寶都是先跳過上午的小睡，但並不意味着他們不需要它，而這種矛盾常常讓他們過於疲勞，以及愛哭。

如果寶寶正處於這個階段，你也不用擔心，你可以在上午給他安排一段休息時間，不妨讀一會兒繪本，或是給寶寶做一會兒按摩。當然，也可以嘗試着用一些安靜遊戲來代替一次小睡，效果也很不錯。還有一種方法就是，運用自己的智慧和幽默感，讓寶寶忘記困倦，但前提是你一定要有耐性，直到寶寶漸漸養成只睡午覺的習慣。

的確，當寶寶的小睡節奏被打亂以後，仍然需要父母的介入，為此，你還可以像下面這則故事中的父母那樣做。

Katty 小睡次數減少了

Katty 18 個月大的時候，小睡從兩次減少到了一次。但是每天早晨她還是總想打個盹。在兒科醫生的指導下，我們把 Katty 早晨那次小睡的時間逐步推遲到中午 11 點。兩個星期後，我們又把 Katty 的小睡推遲到中午 12 點到下午 1 點之間。

另外，兒科醫生還建議晚上早點讓寶寶睡眠，這樣可以避免寶寶半夜醒來，或者第二天醒得太早。剛開始的時候，我們對此一直持懷疑態度。

不過，我和我的丈夫還是決定試一試，把 Katty 的睡眠時間提前了一個小時，大概在傍晚 5 點半到 6 點之間。令人感到驚訝的是，提前睡眠時間後，Katty 要到早晨 9 點才醒來。

而且更令人感到欣慰的是，很多人見了 Katty 都說她的狀態真好，看起來是那麼的精力充沛、快樂無比。的確，我也覺得她是個幸福快樂的寶寶。其實她只是一個得到了充分睡眠的寶寶而已。

輕鬆減少小睡次數方法

要想減少寶寶小睡的次數，一個簡單的方法就是，上午不要哄寶寶睡眠，盡情地陪他玩，等到寶寶下午累了以後，再哄他睡眠。如果寶寶在上午有早教之類固定的活動，不得不提前讓寶寶每天睡一次午覺，那麼，不妨把晚上入睡的時間往後拖一拖。在周末的時候，再彈性地安排寶寶睡兩次，從而逐漸改變寶寶的睡眠狀態。

需要注意的是，如果寶寶午覺睡得太晚，晚上入睡的時間就會延後，這樣就會毀掉整個睡眠計劃。因此，下午 4 點以後，就最好不要再哄寶寶睡眠了。不妨通過洗澡、堆積木等遊戲，讓寶寶不再小睡，這樣做有助寶寶晚上睡個好覺。如果寶寶 4 點左右非要睡眠，那麼，讓他睡一會兒就要把他叫醒。

睡眠小貼士

如果你的寶寶仍然只睡一次，早晨卻過早地醒來，並且一整天看上去疲憊、煩躁，那麼在接下來的一兩個月，你的寶寶仍然有必要重新回到每天兩次小睡。

當寶寶不再需要小睡

寶寶小睡的次數變化
有兩個重要的時間段。第一
個是寶寶1～2歲時由兩次小睡向
一次小睡轉變，第二個是寶寶3歲
左右時幾乎不再小睡。

Encyclopedia of sleep

一次小睡變成不再小睡

隨着寶寶的成長，小睡變得越來越少，逐漸由一次小睡變成不再小睡。雖說每個寶寶發生轉變的時間都不一樣，但也有一些規律。2歲多的寶寶不再小睡大約佔 20%。到 3 歲的時候，則有 40% 的寶寶不再小睡。在 4 歲的寶寶中，這一比例增加到 70%，而 5 歲的寶寶中，這個比例超過 80%。

大多數寶寶在完全轉換到不再小睡之前，往往需要幾個星期來完成最後這一步，就是有幾天小睡，又有幾天不睡。例如寶寶在玩耍的時候還在掙扎着保持清醒，可是一旦被抱上嬰兒車，很快就能進入睡眠狀態，甚至有時晚飯吃到一半就趴在餐桌上睡着了。

隨着寶寶小睡習慣的逐漸消失，你還會發現他的脾氣反倒漸長，本來玩得好好的，不知爲甚麼會突然變得很「野蠻」，看着又哭又叫的小搗蛋，你簡直不知所措。如此反反覆覆幾個星期以後，寶寶才能對他們最後的小睡說「再見」。

寶寶不再小睡的訊號

寶寶甚麼時候不再小睡了呢？你可以仔細地觀察，當寶寶出現以下一些跡象時，說明他不再需要白天的小睡了。

1. 雖然寶寶在白天睡眠了，但是並沒有得到真正的休息，表現得煩躁不安。
2. 寶寶即使白天沒有睡眠，下午仍然精神十足，玩得很開心。
3. 一到晚上，寶寶就變得很難入睡，顯然白天的小睡已經影響到寶寶晚上的睡眠了。
4. 寶寶在幼兒園還有小睡的習慣，但周末在家的時候卻又不睡了。

當然，如果寶寶很容易在白天睡着，說明他仍然需要小睡。

不再午睡　晚上的睡眠時間怎變化

如果你正經歷這樣的情況：寶寶不再睡午覺了，白天也能玩得很愉快，可是一到晚上，甚至於天色尚未太黑，他就顯得筋疲力盡，看樣子，他的精力已經消耗得差不多了。如果是這樣，你最好把寶寶晚上睡眠的時間提前一個小時，並且把第二天的早餐也提前一個小時準備好，這樣才能保證寶寶必需的睡眠質素。

或許有一點可以讓你感到些許欣慰，那就是 4 歲大的寶寶上床睡眠的時間居然比他 18 個月大的時候還要早。

即使不睡午覺也要休息

父母需要注意的是，寶寶雖然不再需要睡午覺了，但是這並不等於他不需要休息。事實上，寶寶即使不睡午覺，也要讓他在房間裏一個人安靜地玩玩具。因為安靜的時間也可以讓寶寶恢復體力，保證下午精力充沛。如果到了睡午覺的時間，寶寶困得不行，沒玩幾分鐘就哼哼唧唧地找媽媽，那就索性讓他睡一會兒。

雖然許多寶寶在 4 歲左右時就不喜歡睡午覺了，但一些專家認為，這個年齡不睡午覺未免有些過早。因為白天的睡眠對於學齡前的寶寶是非常重要的，即使他們上了幼兒園也應該保證一些白天小睡的時間。

另外，在這個轉換期間，如果寶寶不再小睡，那也要保證他每天有 10 ～ 12 個小時的睡眠。即使早晨醒來得比平常晚一點兒，也是正常的。

🐼 睡眠小貼士

家長不要認為自己的寶寶已經幾天沒睡午覺了，就是到了可以不睡午覺的時期。這時，你需要再試着哄幾次，如果怎麼哄都不睡，那才是真的到了不用睡午覺的時期。

讓寶寶快樂地小睡——請這樣進行午睡訓練

寶寶睡午覺可以養足精神，幫助其健康成長。但是，對於活潑好動的寶寶來說，睡午覺卻是一件非常困難的事情。那麼，如何訓練這樣的寶寶午睡呢？

Encyclopedia of sleep

留意寶寶的疲倦訊號

如果你對寶寶的小睡情況非常瞭解，可以制定一張小睡日程表，每天按照這個日程表來進行。

如果對寶寶的小睡情況不是很瞭解，不能在第一時間確定寶寶是不是困了，那麼就需要仔細留意一下寶寶發出的疲倦訊號，等到對寶寶的小睡情況有所瞭解了，再考慮制定一張小睡日程表。

一般來說，如果寶寶出現以下幾種情況，那就是他在暗示「我有點累了，我需要睡眠了」。

1. 活動能力減弱，整個人變得筋疲力盡。
2. 不再歡蹦亂跳，慢慢安靜下來。
3. 目光呆滯，對周圍事物提不起興趣。
4. 愛哭鬧，很容易發脾氣。
5. 開始打哈欠、揉眼睛。
6. 自己主動爬上床、躺在床上。
7. 向大人「扭計」，意思是要奶樽或者要吃奶。

掌握寶寶開始疲倦的時間

小睡對寶寶的身心發育至關重要，而在一天當中特定的時間段安排寶寶小睡更是會產生積極影響，可以有效地調節寶寶的生物鐘，平衡寶寶的睡眠時間與清醒時間，而且還能幫助寶寶提高夜間的睡眠質素。

一般來說，寶寶出生後 3 個月左右，就有固定的小睡時間。為此，你需要瞭解寶寶疲倦的時間，然後，從下次開始在同一時間哄寶寶睡眠。

甚麼是最佳小睡時間

如果寶寶處於一天小睡三次的年齡段，那麼最佳的小睡時間是：上午、午後、黃昏。如果寶寶處於一天小睡兩次的年齡段，那麼最佳的小睡時間是：上午、午後。

那麼，寶寶開始從白天兩次小睡過渡到一次午睡，又該如何安排午睡時間呢？建議寶寶的午睡從中午 12 點 30 分或是下午 1 點開始，也就是說，把早晨小睡和下午小睡的時間逐漸合併在這個時間段，因為如果午睡時間太遲，很容易造成寶寶上午過於疲累。與此同時，晚上入睡的時間要相對提前，這樣寶寶午睡醒來與晚上入睡的時間才不至於相距過長，從而避免出現傍晚時寶寶因過度疲勞而難以入睡的情況。

通過這種調整，寶寶早晨醒來的時間也會相對較早，這樣白天有效活動的時間就會變得更加充盈，家長就有了更多的時間去安排寶寶的戶外活動或其他活動，而且白天充足的運動量和感官刺激還可以讓寶寶在夜晚睡得更深沉。

睡眠新主張

如果很難掌握容易哄寶寶入睡的時間，那麼，可以每隔 2 ～ 3 個小時就讓寶寶躺在床上，當寶寶體內的生物鐘適應了這個時間，就會很容易在同一時間段入睡了。

更為重要的是，如果寶寶養成了這種作息規律，對安全感的建立也是非常有益的。因為當寶寶到了入幼兒園準備的階段，如果清晨早起和午睡的時間恰好與幼兒園的作息時間相吻合，那麼寶寶就能有效避免因入學後作息時間不規律而產生的不良情緒，從而更好地適應幼兒園的生活。

午覺睡多久比較好

很多父母都有這樣的疑問：寶寶午睡多長時間才合適？其實所有寶寶的小睡時間是因人而異的，即使是雙胞胎也不例外。午睡時間或長或短都是正常的，並不意味着有甚麼不妥。當然，寶寶午睡也不是睡得越多越聰明，白天睡得多很容易影響夜間的睡眠，這樣會適得其反。

下面是根據寶寶的平均午覺次數和午覺時間，以及夜間睡眠時間製成的表格，適用於大多數寶寶，可供父母們參考。

各年齡段寶寶的小睡時間表

年齡	每天小睡次數（次）	每天小睡時間（小時）
4 個月	3	4～6
6 個月	2	3～4
9 個月	2	2.5～4
1 歲	1～2	2～3
1 歲半	1～2	2～3
2 歲	1	1～2.5
2 歲半	1	1.5～2.5
3 歲	1	1～1.5
4 歲	0～1	0～1
5 歲	0～1	0～1

當然，父母也不要忘記，比起寶寶是否符合平均睡眠時間，更爲重要的是，寶寶在醒着期間的精神狀態是否良好，再次入睡是否容易，且睡得是否安穩。

像晚上一樣哄寶寶小睡

如果很難哄寶寶睡午覺，則可以進行與晚上睡眠一樣的訓練。爲此，要讓寶寶在醒着的狀態下就躺在床上。開始的時候，寶寶會哭鬧，畢竟白天的時候，寶寶沒有晚上那麼累，所以，你要提早做好心理準備，寶寶的午覺訓練比夜間睡眠訓練要更難。

如果哄了 30 分鐘，甚至 1 個小時，寶寶還是精力充沛，不肯上床睡眠，那說明他可能還不是很累，還沒有到瞌睡的時候，那就索性讓他去玩吧。

不過，一旦錯過寶寶的午睡時間，如何調節寶寶的睡眠節奏就顯得尤爲重要。對此，你需要考慮這兩種情況：第一種情況，如果寶寶已經明顯很累了，看樣子需要兩次小睡，那就果斷地把第二次小睡的時間稍微提前一點；第二種情況是，如果寶寶只睡了一次午覺，那就直接把晚上的睡眠時間往前提。總之，午覺訓練跟晚上睡前訓練一樣，需要有條有理地進行。

睡眠小貼士

隨着寶寶的成長，他們的午覺持續時間和次數都會發生改變，提前做好心理準備，就可以輕鬆應對這種變化。

常見的小睡障礙及改善方法

有些寶寶白天睡得太少，有些又睡得太多，還有些睡的時間不對。無論哪種情況，最讓父母頭痛的就是寶寶的睡眠質素大受影響。

Encyclopedia of sleep

過於疲勞而引起小睡障礙

有段時間，你會發現寶寶非常熱衷反抗小睡。其實，寶寶之所以拒絕小睡，原因之一很可能是他太累了。很多時候，如果寶寶過於疲勞，也會引起小睡障礙。

也許很多家長會有這樣的疑惑：我怎麼知道寶寶是不是疲勞呢？有一個簡單的方法就是，你仔細回憶一下寶寶是不是一鑽進汽車就睡着了？午休時間還沒到，寶寶是不是說睡就睡？吃晚飯的時候，寶寶的脾氣突然變得暴躁起來，他睡眼惺忪的樣子讓你又怨又愛？如果寶寶或多或少存在這些問題，那麼很顯然他在白天的時候是疲憊的。

對於這種情況，父母需要試着提前 20 分鐘讓寶寶進入小睡模式。在寶寶有睡眠的需求之前，提前幫助他進入午睡模式，更有利於寶寶快速入睡。

過於興奮而引起小睡障礙

噪音、光線、電視、喧鬧的遊戲、咖啡因都可能讓寶寶因過於興奮而不肯睡眠。比如在你跟寶寶說該睡眠了的時候，他很可能在想：「睡眠多無聊啊，有這麼多好玩的東西，我為甚麼要睡眠呢？」或許他還沒有從跟爸爸玩的「騎膊馬」的遊戲中平靜下來。

除了以上原因外，很多時候，有些寶寶之所以不肯進自己的房間，往往是因為他們認為只要進入那個密閉的空間，就意味他們得停止玩耍，然後乖乖地閉上眼睛睡眠，探索慾極强的寶寶會認為這很無趣，因此自然不願意去睡眠。

不過，即使寶寶因過於興奮而抗拒小睡，父母仍然要堅持默不作聲地採取行動，否則後果會不堪設想。

對此，父母可以在小睡時間之前的半小時，陪寶寶在睡房裏玩幾次安靜的遊戲，與此同時，還可以播放一些柔和的背景音樂來營造一個甜蜜的睡眠氛圍，並且間接地告訴寶寶小睡時間就要到了。如果父母能堅持這種入睡模式，並且真心地享受這段甜美的親子時光，寶寶自然不會把他的房間跟「不好玩」的小睡聯繫在一起，說不準還會緊緊拉着你的手，非要上床玩不可呢。

小睡太多也會造成小睡障礙

寶寶小睡時間太少是很多媽媽們經常抱怨的事情，其實，有些寶寶在白天睡得太多，不配合家長的時間安排，也同樣令人頭疼。

　　一般來說，大多數寶寶每次小睡大概持續 1～2 個小時。如果寶寶小睡時間比同齡寶寶長，晚上仍然能睡得很好的話，那自然是好的。但是並非所有睡得多的寶寶都是如此，有些寶寶雖然白天睡得多，但是到了晚上就會睡得很晚，有時夜裏還會頻繁醒來。

　　如果這跟父母的作息時間安排恰好一致，那也沒有問題。但如果這種睡眠狀態已經影響到寶寶和家人的睡眠質素，就需要把寶寶白天的一些睡眠時間挪到晚上。比如，寶寶原本習慣在晚上 8 點左右睡眠，但是因爲他白天睡得時間長，所以晚上 9 點了還沒一點睡意，在屋子裏活蹦亂跳的。

　　對此，父母不妨試着把寶寶下午的小睡時間縮短 15 分鐘，這樣他到了晚上就會更累一點兒，然後在晚上 9 點就會有睡意而自動入睡。如此堅持幾天，若是效果不錯的話，就再把白天的小睡時間縮短 15 分鐘，並且提前 15 分鐘啓動晚上的睡前模式。堅持幾天，就能很好地把寶寶的睡眠時間調整到有規律的作息時間了。

問與答：關於小睡的常見問題

問： 我家寶寶 4 個月，白天小睡也就半個小時。怎麼才能讓他睡得更久一點？

答： 寶寶小睡時間減少與寶寶天生的好奇心有很大關係，他們不願意錯過任何一件好玩的事。爲了讓寶寶能睡得更久一點，你可以把房間的溫度調得舒適一點兒，減少不必要的干擾。

問： 寶寶小睡時，像貓打盹兒一樣，效果有一般小睡好嗎？

答： 有些寶寶在汽車座椅或是安全座椅裏可以足足睡上 15 分鐘，甚至更長時間，而且睡眠狀態也能不錯，於是不少父母就對這種睡眠方式持肯定的態度。

其實，對於寶寶來說，這樣的小睡是遠遠不夠的。因爲這種像貓打盹兒一樣的小睡，並不能讓寶寶進入深睡眠，他們也就得不到充分的休息和體力恢復。雖說寶寶睡醒後，可以再次活躍起來，但是很快又會感到筋疲力盡，而且他的脾氣也會變得很暴躁，舉止情緒化。

當然，想要改變這種模式也很容易。家長只需要把寶寶的第一次小睡時間往後推一點兒，並且在睡眠時間臨近時，避免讓寶寶坐在汽車裏或嬰

兒推車裏。也就是說，只要小睡時間到了，最好是待在家裏，這樣一來，當寶寶的疲倦感稍微上來的時候，就能睡上 1～2 個小時了。

問： 如果寶寶錯過了一次小睡，父母該做些甚麼？

答： 如果寶寶錯過小睡的事情不是經常發生，父母就不用多慮。因為，在寶寶的成長過程中，錯過小睡這種事情是無法避免的。比如，家裏來了客人，或是新添了一個大件物品，都會讓寶寶的情緒變得激動起來，玩着玩着就錯過了小睡時間。

雖說寶寶偶爾錯過一兩次小睡並不會對整體的睡眠質素造成影響，但是如果寶寶錯過了一次小睡，作為家長仍然需要在第一時間及時做出自己的判斷。

為此，你需要等待第二次小睡時間的出現，但是要把它提前 30～60 分鐘。如果寶寶看起來已經非常疲憊，甚至開始大哭大鬧，就得果斷地讓他小睡，別再猶豫。與此同時，當天晚上還需要提前準備寶寶的晚飯，並把入睡時間也一併提前了。

問： 寶寶 8 個月，非常抗拒睡下午覺，一哭就沒完，我想索性讓他哭個夠，這個辦法能解決睡眠問題嗎？

答： 一般來說，讓寶寶哭個夠是西方的一種育兒方式。很多西方父母認為，如果寶寶夜間不再需要吃奶了，訓練他睡整晚覺的最好方法，就是讓他哭個夠。換句話說，就是把寶寶放到自己的小床上，大人關上門，讓他自己哭鬧。如果寶寶的哭聲得不到相應的回應，他就會明白：「我這麼使勁哭是不管用的。」如此一個星期，寶寶在得不到回應後，就能學會自己入睡了。

如果你已經在夜間使用了「哭個夠」這種方法，這裏不建議在小睡時間也使用它，因爲那些非常固執的寶寶可以一直哭上半個小時，甚至於更長的時間。到那個時候，寶寶的小睡時間早就過了。

問： 寶寶小睡，是否有必要讓家裏變得完全安靜？

答： 正如你所經歷或是聽說的那樣，很多家長在寶寶小睡的時候常常是輕手輕腳，生怕稍微弄出一點兒響動就會把寶寶給吵醒了。真該這樣嗎？

其實，除了需要把手機設置成靜音之外，根本無須那麼擔心噪聲對寶寶的干擾。因爲從寶寶的角度來看，家裏的正常動靜還具有一定的安撫作用。

光線方面，你更應該多想想。一般來說，寶寶入睡時，我們根本沒必要把房間弄得漆黑一片。但是，也不排除那些天生對光線特別敏感的寶寶，如果睡房稍微有點光線透過窗簾，他們就會難以入睡。如果你的寶寶屬這種情況，建議買一些厚厚的窗簾，這樣可以很好地擋住大部分光線。

問： 我不太喜歡在寶寶玩得很開心的時候催他回房間睡眠，可以等到他倦了的時候再小睡嗎？

答： 關於寶寶小睡的問題，我們一直在反復強調，千萬不要等到寶寶看上去困了再讓他睡眠。在寶寶過度疲勞之前就讓他睡眠，他往往會睡得更久、更香。所以，當你看到寶寶已經打哈欠、揉眼睛了，那很可能意味着你的行動已經有一點點遲延了。

問： 我的寶寶 18 個月，如果跳過下午小睡，晚上會睡得更好嗎？

答： 爲了瞭解寶寶會發生怎樣的變化，你需要留意下一次他一整天不小睡之後的表現。如果寶寶晚飯還沒有吃完，就已經表現得煩躁不安了，並且在就寢時間變得愛哭愛鬧，稍有不如意，小脾氣就會爆發出來，就說明跳過下午小睡是不可取的。

所以，千萬別埋怨寶寶多麼不懂事，因爲壓力如果得不到釋放的話，會一直累積，直到爆發。這可不是甚麼好事情，當然，這也再次提醒你小睡是多麼的重要。

PART 2

健康的睡眠習慣
如何養成

第 4 章

０～３個月：小嬰兒的甜美睡眠

新生兒的正常睡眠情況

剛剛出生的寶寶在睡眠上絕對能拿世界冠軍，因爲他們每天平均睡眠時間長達16個小時，有些寶寶甚至能睡到20個小時，此階段，睡眠是寶寶每天最主要的事。

Encyclopedia of sleep

寶寶出生後的第一周

大多數寶寶在出生後的第一天會清醒 1 個小時左右，然後進入 12 ～ 18 個小時的深睡眠。新生兒清醒 15 ～ 30 分鐘就會感覺累了，因此除寶寶吃奶外，要儘量把寶寶放入嬰兒床內，幫助他進入舒服的睡眠之中。

由於這時的寶寶可能還沒有形成生物鐘規律，因此，不要根據時間來安排寶寶的活動。只要寶寶餓了，就給他餵食；寶寶尿濕了，就給他換尿片；寶寶想要睡眠了，就讓他睡眠。

在接下來的一兩天內，寶寶清醒的時間逐漸延長，睡眠的時間逐漸縮短，這種睡眠狀態並不符合任何一種晝夜模式，所以媽媽們一定要抓緊時間休息。

睡眠小知識：小寶寶的那些看似異常的正常事

一般情況下，足月的嬰兒在頭幾天往往睡得很多，吃得很少，經常會有體重減輕現象，這些都是正常情況，父母不要爲此大驚小怪。

寶寶出生後的２～４周

跟第一周一樣，這個階段的寶寶對餵食、愛撫及睡眠的需求是不穩定且不可預期的。所以，他甚麼時候想睡就應該讓他入睡。大多數時候，嬰兒一次最長能睡３個小時。

另外，很多寶寶在１周或２周大的時候，都會出現一些變化。比如，有時寶寶即將入睡或是就要醒來的時候，他的身體會突然抽動一下；或是由昏昏欲睡進入到熟睡狀態時，他的眼睛很可能會向上翻。

又比如，寶寶突然變得很警覺、興奮，而且還會出現一些不安的動作，比如發抖、顫動、抽搐，甚至是打嗝。對新生兒來說，這些行爲都與寶寶的生長發育有關，屬正常現象。隨着寶寶大腦的逐步發育成熟，這一階段會自然過去。

學會讓自己輕鬆一些

在寶寶出生後的第 1 個月內，你可能會以爲寶寶一睡就是 10 多個小時，這樣你就會有更多的空閒時間。其實不然，你每天需要例行公事一般處理餵奶、洗澡、換尿片、逗他玩，以及哄他不哭等一系列日常事情，你根本沒有停下來休息的時間。如果寶寶每天只需要 12 ～ 13 個小時睡眠的話，情況就更糟糕了。

另外，此時的寶寶還會頻繁地醒來，當然，你也如此。因爲頻繁地醒來，你的淺睡眠時間會翻倍，而具有恢復體力作用的深睡眠時間則會減半。所以每當清晨醒來，你依舊會感到非常疲憊。爲此，一定要學會照顧好自己，調整好心情。

下面幾個小方法不妨一試：

1. 寶寶小睡的時候，抓緊時間小睡一下，或是做一些讓自己平靜的事情。
2. 出去小歇一下，散步、喝杯咖啡，或是看場電影，這些都很有必要。
3. 不要因爲做了一些讓自己感覺舒服的事情而覺得對寶寶有愧疚感。
4. 用搖籃、奶嘴或是其他任何能夠產生有節奏的搖擺運動撫慰寶寶。

2個月寶寶的正常睡眠情況

2個月的寶寶已經度過了剛出生時的長時間睡眠狀態，此時寶寶的睡眠時間有所縮短，並且白天清醒的時間也更長了。

Encyclopedia of sleep

寶寶出生後的 5 ～ 6 周

　　大多數寶寶在這個階段會表現得越來越平靜，對身邊的事物或是玩具的興趣越來越大，和大人互動做遊戲的興趣越來越高，而且表達情緒的方式也顯著增多。

🛌 睡眠新主張

　　儘管 5 ～ 6 周的寶寶已經有了自己規律的睡眠模式，但並不意味着沒有必要讓他完全不哭，有些寶寶入睡前會以一種溫和的方式哭鬧，在他哭了 5 分鐘、10 分鐘或者 20 分鐘後，若是沒有任何異樣，依然能平靜入睡的話，你就不必擔心。

然而，很多父母卻發覺自己越來越有挫敗感了，這是因為往日那個乖巧的小天使不知何時會突然變得非常纏人、愛哭鬧，而且隨着寶寶清醒時間的增長，每一天快要結束的時候，你都覺得精疲力竭，情緒也變得糟糕透頂。

其實，寶寶出現這些情況也是很正常的，是寶寶神經系統尚未發育成熟的一種表現，他只是暫時不能控制自己的行為，等到他的大腦日漸發育成熟，自然就能很好地控制自己。但是這需要一段時間，到了寶寶 6 周後，這些麻煩就會慢慢消失。

相反，那些容易照顧的寶寶，在這個階段，他的睡眠模式開始變得有規律。為此，父母唯一需要做的就是順應寶寶的成長規律，讓他自然成長。在他開始顯得有點疲倦的時候，就應該把他放下，讓他入睡。此階段寶寶的清醒時間一般不超過 2 個小時，所以家長不要長時間逗寶寶玩。

寶寶出生後的 7～8 周

這個時期的寶寶大多會表現出這樣一種傾向：晚上睡得更早，無間斷的睡眠時間更長。為此，最好不要強迫寶寶早睡，而應該在晚上早些時候認真留意一下寶寶昏昏欲睡的訊號。

另外，此階段寶寶最有可能出現的情況往往介於纏人型睡眠和輕鬆型睡眠之間，如果寶寶屬於後一種，他們似乎天生就非常平靜，照顧起來也較為容易，但是到了晚上也會有一段時間非常纏人，不過，這段時間不算長，寶寶的反應也不是很激烈。可以這麼說，如果寶寶屬於這種類型，他可以在白天的任何時間、任何地點睡，而晚上也會睡得很好。

不過，這樣的好景並不長，在接下來的日子裏，你很難回到往日那些平靜安寧的夜晚，因為寶寶越來越有自己的小脾氣了，例如哭鬧、倔強、抱怨……父母需要更長的時間和更大的耐性才能把他放在床上。

睡眠新主張

在嬰兒停止哭鬧之前，不要停止對他微笑。雖說微笑讓寶寶不能停止哭鬧，但是當家裏無時無刻都充滿微笑時，則更容易讓愛哭鬧的寶寶平靜下來。

面對這一突如其來的挑戰，父母需要更加敏銳地感知寶寶對睡眠的需求，要努力消除外部噪音、光線或是振動的干擾，在寶寶清醒的兩小時以內，儘量把他放在嬰兒床裏。

當然，也不排除有些嬰兒在一個小時內就會變得微微有些乖戾、易怒，甚至拍打自己的耳朵，一旦出現這些行為，就意味着寶寶開始疲倦了，需要睡眠了，因此，在此之前就要做撫慰寶寶入睡的準備。

在接下來的過程中，還有可能會遇到這樣一種情況：當把寶寶放下睡眠時，他很可能會表示抗議，實際上寶寶已經過度疲勞了，這是很自然的狀況，因爲小傢伙更喜歡在父母的撫慰下舒舒服服地待着。

選擇合適的睡眠訓練策略

很多父母一直期盼自己的寶寶能夠真正睡上一整晚，但是這種情況幾乎是不可能發生的，總是有這樣那樣的睡眠問題出現，那麼作爲父母應該採取甚麼策略呢？

如果你認爲寶寶是因爲餓了在哭，那就好好照料他。如果寶寶的表現完全就是一個過度疲勞的嬰兒，會因爲突然的驚嚇或是大的噪音而哭鬧的話，那就讓寶寶哭個夠，不去管他，等他把多餘的能量宣洩完，就會入睡了。

無論採用何種方式訓練寶寶睡眠，最重要的是堅持，並相信寶寶的能力。另外，在開始整個計劃前，一定要確保父母看法一致，而且在最艱難的頭幾天能彼此鼓勵。但是如果寶寶正在生病，就要等他病好了再開始進行訓練。

睡眠小知識：學會觀察和撫慰寶寶

　　當寶寶在夜裏哭鬧的時候，最好走近觀察一下情況，並輕柔地撫慰寶寶，但是盡可能地不要抱起他，這麼做可以讓寶寶回歸到平靜的睡眠狀態中。另外，當寶寶的哭鬧總能得到回應時，他也能學會信任父母，不會有被拋棄的感覺。當然，如果寶寶屬那種極度纏人的類型就未必有效。

3個月寶寶的正常睡眠情況

充足的睡眠是寶寶健康發育的先天條件，一般3個月的寶寶除了吃、拉和短暫的玩耍之外，其餘的時間都在睡眠，平均每天睡16個小時以上。而小睡依然短暫、不規律。

Encyclopedia of sleep

寶寶是倦　還是想跟你玩

在這一階段，經常會出現這種現象：睡眠時間到了，寶寶還沉浸在和大人的玩耍中，絲毫沒有上床睡眠的意思。之所以這樣是因爲對於寶寶來說，他們想要的是享受父母的陪伴，以及父母帶給寶寶的愉悅刺激，而不是待在黑暗、安靜且無聊的睡房裏。他們內心的想法是：「爸爸多有趣啊，我才不願意上床睡眠呢？那多沒勁！」

另外，對小寶寶來說，他們對這個世界是如此好奇，天空中飛翔的小鳥、風吹樹葉的聲音、小狗汪汪的叫聲，以及大人聊天的節奏，這些都會打斷他們的睡眠。

所以，作爲父母要隨時注意寶寶對睡眠的需求，並且努力把這種需求與他想跟你玩的需求區分開。一般情況下，對 3 ～ 4 個月的寶寶，當他的清醒時間快要超過兩個小時，就要把他放在半安靜或是安靜的環境中讓他小睡。當然，這裏的兩小時清醒時間只是一個估計值，不排除有些寶寶由於精力旺盛，清醒時間大於兩小時的情況。

睡眠小知識：過度受激

許多父母常常錯誤地理解過度受激，以爲這就等同於玩耍的強度過大。也有的父母以爲自己跟寶寶玩耍時給他的刺激越多，跟寶寶的情感聯繫就越緊密。事實並非如此，這種做法很可能佔據了寶寶太多正常清醒的時間，結果讓寶寶疲憊不堪。

白天安排一次小睡

此階段父母仍然需要在寶寶清醒不超過兩個小時就安排他的睡眠，爲此，父母應儘可能減少日常活動，以便讓寶寶處於一種平靜安寧的狀態，而且還需要使用有效的撫慰方法，例如定時餵食、使用搖籃或安撫奶嘴，讓他安靜下來。

如此適應一段時間之後，你會驚訝又欣慰地看到，當寶寶習慣了某種活動或是某種大致的行爲模式後，他在白天通常可以睡得很好，而你也可以更好地恢復精力、保持心情愉悅。

與此同時，父母還需要學會區分寶寶是真的疲倦了，還只是想跟你玩。這裏有一個值得參考的方法，即讓他獨自待一會兒。也許很多父母認爲讓一個待哺的嬰兒哭着而不把他抱起來是有違人性的做法。其實，這裏有一個關鍵之處，那就是要在寶寶變得真正煩躁之前就把他放在床上。

　　至於讓他獨自待多久算合適，可能是 5 分鐘、10 分鐘，也可能是 20 分鐘，雖說沒有任何定律可言，但仍然需要時不時地試探他一下，看看他是否在這段時期表現得很反抗，而哭鬧一會兒後又睡着了。

　　一般情況下，這種方法對幾個月大、生理尚未成熟的寶寶較爲適用。而且在培養寶寶新的生物鐘的最初一段時期內，情況往往是最糟糕的，此時來自家人的積極支持及一致意見就顯得尤爲重要。

睡眠小貼士

　　你的寶寶需要睡眠時，要儘量讓他待在一個睡得安穩的環境中，隨着他的成長，你可能會注意到他在嬰兒床之外的地方睡眠，睡眠質素往往很差。

寶寶到底應該睡在哪裏

寶寶睡嬰兒床還是大床好？這是很多父母感到困惑的問題。的確，不同的睡眠環境對寶寶的入睡有很大的影響。那麼，父母應該爲寶寶營造怎樣的睡眠環境呢？

Encyclopedia of sleep

嬰兒應該睡在哪裏

大多數父母開始時都把寶寶放在搖籃裏或是可以移動的嬰兒床裏，然後把搖籃或嬰兒床放在自己的大床旁。這樣做絕對是明智之舉，不僅帶寶寶比較容易，還能保證寶寶無論白天還是夜晚都和媽媽待在一起。

而且，最關鍵的是，一旦寶寶吐奶、呼吸困難或是身上哪裏不舒服了，你都能第一時間聽到，及時做出處理。而且你在寶寶的身邊，還可以減少突發性嬰兒死亡綜合症的風險。所以，如果你的寶寶還在嬰兒包巾中，那就把他放在搖籃或是嬰兒床上吧。

如果你的寶寶長大了，搖籃已經放不下的時候，那就把他放在小床裏，前提是四邊要有足夠高度的保護欄。

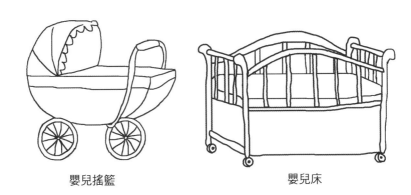

嬰兒搖籃　　　　　　　　　　　　　嬰兒床

需要避免的睡眠地點

不少父母有這樣一種習慣，喜歡把寶寶放在推車或是汽車上睡眠。雖說寶寶在這種情況下也會睡得很好，然而，和在床上小睡相比，寶寶在嬰兒推車、汽車裏的睡眠質素真的很好嗎？

答案是否定的，寶寶在固定的地方——小床上、大床上或是搖籃裏，睡眠質素才會更高。因為如果寶寶的睡眠處於一種振動或者移動的狀態，會導致大腦處於一種淺睡狀態，而且還會削弱睡眠的恢復力。

此外，寶寶睡在躺椅、扶手椅上的風險也非常高。所以，當寶寶睡着之後，父母應儘量把他放到床上睡。

與寶寶同床睡還是分床睡

從寶寶呱呱墜地的那一刻起，父母的心與目光就從未離開過寶寶。因此，很多父母都與寶寶睡在同一張床上，然而現在提倡分床睡。那麼，究竟是與寶寶同床睡好，還是分床睡好呢？

Encyclopedia of sleep

母嬰同床的利弊

處於哺乳期的媽媽常常很辛苦，白天除了哺育和照料寶寶之外，夜裏還要頻繁爬起來餵奶，很少能一覺睡到自然醒。所以，與寶寶同睡一張床是個不錯的選擇，能夠更方便地照顧寶寶。

另外，很多媽媽覺得寶寶睡在自己旁邊會比較安心，也有媽媽認為母嬰同床會感覺更加溫馨。的確，寶寶和媽媽睡在一起，能增進親子感情，讓寶寶充分享受愛撫。

但是，母嬰同床也有很多弊端。大多數與父母同床的寶寶都曾在夜間被寢具堵住過鼻子和嘴。不少熟睡的父母曾經把胳膊或腿壓在寶寶的身上。有研究發現，母子同床睡的寶寶在夜間進食的次數是分床睡寶寶的 3 倍多。

由此看來，讓寶寶睡在父母床邊的搖籃、嬰兒床上，而不是同床睡，才是更爲安全的選擇。而且在這種情況下，媽媽依然可以很容易地給寶寶餵奶，安慰他，並且媽媽也可以睡得很好。

怎樣安全地母嬰同床睡

　　雖說母子同床睡存在一些隱患，但是如果你堅持要與寶寶同床睡，那就要注意盡可能地減少風險。

以下事項需要父母注意：

1. 在床具的選擇上，一定要確保床墊和牆、床欄或床頭板之間沒有縫隙，從而避免卡住寶寶的身體。
2. 床上最好只鋪一條床單，不要擺放枕頭、羽絨被、床舖，以及毛絨玩具等。
3. 不要讓寶寶與兄弟姐妹、身體過胖的人或極度勞累的人同床睡。
4. 讓寶寶睡在父母的一側，而不是在爸爸媽媽的中間。
5. 如果可以的話，儘量母乳餵養，並且讓寶寶保持仰臥的睡姿。
6. 如果寶寶是早產兒或低體重兒，一定要避免母子同床。
7. 保持室內空氣流通，不要使用蠟燭、香薰。
8. 用一張適合的毯子把寶寶舒適地包裹起來，防止他睡着的時候不小心翻滾到地上。

睡眠小知識：和父母同床睡的寶寶性格更平和

　　外國已有研究表明，和父母同床睡的寶寶更有安全感，更可能成長爲性格平和的人。而那些過早地和父母分床睡的寶寶，往往更易怒、焦慮、過分敏感、緊張、亢奮。

不管是父母和寶寶同床睡，還是分床睡，關注寶寶的感受，是每位父母需要重視的事情。與寶寶同床的父母可以更密切地關注寶寶晚上的情況，而與寶寶分床睡的父母同樣不能忽略夜間恐懼和焦慮給寶寶帶來的不安。尤其是在寶寶需要時，父母給予寶寶的回應和安慰，才是最有利於寶寶成長的要素。

如何哄寶寶睡眠

很多媽媽為寶寶難以入睡而煩惱。其實，寶寶並沒有你想像中那麼難應付。那麼，如何讓寶寶平靜下來並快速入睡呢？

Encyclopedia of sleep

剛開始時首要溫柔

為了讓寶寶平靜下來，父母可以將他摟在懷裏，或者躺在寶寶的身邊。與此同時，放一些輕柔的音樂，輕輕哼唱，或是輕拍他的後背。如果寶寶焦慮不安輕泣，可以試着輕柔地按摩一下他的背脊，或是用自己的面頰輕輕地擦他的面頰。總之，需要讓寶寶感受到你的溫暖、慈愛，以及對他的保護。

吮吸也能安撫寶寶

吮吸是嬰兒的本能。對寶寶來說，吮吸乳房、奶嘴、手指，都能使他平靜下來。因此，在寶寶哭鬧的時候，可以嘗試給他一個安撫奶嘴。

有節奏的安撫動作

許多家長認為，把寶寶放在搖籃裏、搖椅上輕搖，或用嬰兒背帶背着寶寶去散步，也會讓寶寶平靜下來。的確，有節奏的動作是安撫寶寶最重要的方法之一。也許這種有節奏的動作，能使寶寶回想起在媽媽子宮裏的日子，因此能讓他平靜下來。

嬰兒包巾

把寶寶用嬰兒包巾包起來，無論是將其摟在懷中，還是放在嬰兒床裏，都會給寶寶帶來美好的感覺。跟有節奏的安撫一樣，溫柔的包裹模擬出了寶寶在媽媽子宮裏的環境，令他感到熟悉和舒適，從而容易平靜下來。

心愛小物

　　給小寶寶一個舒服、可愛的小物件也能幫助他很好地入睡。比如，一條毛毯、一個泰迪熊，這些小物件都可以幫助寶寶建立自信和安全感。在寶寶感覺到壓力的時候，對於那些性格謹慎敏感的寶寶來說，心愛小物的安撫作用更為明顯，而這些小物件可以隨時待命，不管白天還是夜晚。

　　不過，要確保一點，不要讓寶寶的心愛小物上有任何小部件，例如毛絨玩具上的紐扣眼睛或小珠子，這些東西很可能被寶寶吃進嘴裏而造成窒息，或塞住寶寶的鼻子。

相關閱讀：睡眠策略並不只是讓寶寶哭個夠

　　睡眠策略是利用嬰兒睡眠、清醒生理規律的自然形成過程，幫助寶寶學會睡眠。這其中包括：

1. 重視寶寶對睡眠的需要。
2. 當寶寶需要睡眠的時候，你要提前計劃好。
3. 讓寶寶保持短時間的清醒，即 1～2 小時。
4. 學會辨別寶寶的昏沉訊號，這意味着寶寶想睡眠了，而你也應該抓緊開始安撫行動了。
5. 培養寶寶晚上定時就寢的習慣。
6. 安撫行動展開的時間一定要與寶寶自然需要睡眠的時間相契合。
7. 當移開乳頭或是奶樽時，寶寶很可能會無意識地醒一下，這時不要強迫他進入清醒狀態。

如何培養寶寶的睡眠習慣

減少對寶寶作息的干擾，同時給寶寶機會學習自我安撫和自行入睡，這對寶寶各方面能力的發展都非常重要。

Encyclopedia of sleep

按照時間表哄寶寶入睡

　　大多數寶寶出生６周後，是開始培養睡眠習慣的好時機。這時的寶寶一次醒着的時間通常不會超過２個小時。

　　如果寶寶醒來後，太久不讓他睡眠，他可能就會因爲過度疲倦而難以入睡。因此，父母可以每隔２小時就哄他入睡。同時，父母要注意觀察寶寶疲倦的表現，看看他有沒有揉眼睛、拉自己的耳朵。如果寶寶開始出現這些表現，就應該及時哄他睡眠了。

觀察寶寶發出的疲倦訊號還只是第一步，父母還需要瞭解寶寶疲倦的時間點，知道這個時間點後，就能對寶寶每天的睡眠習慣和生活節奏形成一種直覺：「寶寶倦了，他想要睡眠了。」

　　當然，按時間表哄寶寶睡眠，並不是按照媽媽定的時間哄寶寶入睡，而是用心找出寶寶疲倦的時間，並且保持玩耍時間和睡眠時間的間隔規律。所以，如果寶寶玩的時間長、睡的時間也長，就沒必要非得堅持 2 小時原則，遵循時間表並不是要弄亂寶寶的睡眠時間，千萬別讓自己屈服於時間壓力。

建立一套規律的睡前程序

　　父母每次哄寶寶入睡時，一定要遵循一套固定的模式──睡前程序。如果每天都能如此，寶寶很快就會得益於這種持續的、可預見的生活習慣，關鍵是，寶寶會感到很放鬆，而不是對睡眠表現得很抗拒。事實證明，如果睡眠和遊戲時間、散步時間及吃飯時間都很固定，寶寶的作息會越來越有規律。

　　很多睡眠專家指出，隨着寶寶的成長，睡前程序也在逐漸加長。現階段寶寶的睡前程序最多堅持 5 分鐘，睡前程序包括以下部分，或全部內容：給寶寶洗澡、講故事、給寶寶唱搖籃曲、跟寶寶玩安靜的遊戲、親吻寶寶說晚安。需要確保這些活動可以幫助寶寶平靜下來，而不是讓他變得更煩躁。

　　另外，很重要的一點是，不管採取何種睡眠模式，一旦形成規律，就要固定下來，每次哄寶寶入睡都要遵循這套程序。

準備好屬於寶寶的床鋪

　　如果現在寶寶還和大人一起睡，那麼，等寶寶百天的時候，就要着手爲他準備好屬於自己的床鋪了，否則他很可能會形成依賴。

　　面對這種突如其來的改變，如果寶寶一時間很難適應的話，那就先嘗試讓他在白天的時候在自己的小床上睡眠。

　　與此同時，還需要把寶寶的小床放在媽媽的旁邊，然後再逐漸分離。這樣做，雖然很可能會失敗，但是只要堅持，媽媽和寶寶的負擔就會漸漸消失，寶寶也會睡得更加安穩。

 睡眠小貼士

　　雖說洗澡是讓寶寶放鬆上床的一個好辦法，但是如果你的寶寶在浴盆裏明顯過於興奮，或不喜歡洗澡，那麼最好別把洗澡作爲睡前程序的一部分。安靜地抱抱寶寶，或是給他講故事，效果會更好。

關於寶寶睡眠的普遍誤解（0 ～ 3 個月）

誤解 1：寶寶睡着了，家人就要輕手輕腳嗎？

真相：　很多家長認爲只要寶寶睡着了，家裏或是屋外稍微有一點「風吹草動」，他便難以入睡，或是在熟睡中被驚醒。因此，只要寶寶睡着了，家人就會輕手輕腳地，生怕把寶寶吵醒。

　　　　其實，對嬰兒來說，在最自然的「家庭噪音」背景下，他們照樣能安然入睡。而且嬰兒還在媽媽子宮裏的時候，就無時無刻不被柔軟的觸覺、響亮的呼呼聲，以及搖晃這些感受包圍着。讓他在安靜的環境中睡眠反倒是對他感官上的剝奪。另外，還有研究表明，大多數寶寶在 3 ～ 4 個月的時候，就開始自覺地培養「抗干擾」的調節能力了。

　　　　所以，家長大可不必在房間裏特意踮腳走動，不小心弄出一點點聲響就神經緊張。否則，你的寶寶很可能只有在刻意製造的極度安靜的環境裏才能入睡，這樣非常不利於良好睡眠習慣的養成。

誤解 2：千萬別叫醒睡着的寶寶

真相：　叫醒熟睡的寶寶是一種正常的做法。比如，如果寶寶睡眠的時候排便了，爲了保護他的皮膚，就得把他叫醒。而不是一廂情願地認爲只要寶寶睡着了，就萬萬不可打擾。當然，叫醒寶寶也是有技巧的，這裏教你幾個溫和的辦法，讓寶寶愉快地醒來。

如果寶寶睡得太沉，不妨在他即將睡醒前的 10 ～ 20 分鐘，放些輕音樂，每隔幾分鐘加大一些音量。然後拉開窗簾，誘導寶寶從睡夢中自然醒來。也可以輕撫寶寶的面頰，輕聲呼喚他的名字。在如此輕柔的刺激下，寶寶會慢慢地由深睡狀態進入淺睡狀態，最終慢慢醒來。當然，在寶寶醒後，最好允許他再躺幾分鐘，然後再給寶寶穿衣服。

誤解 3： 是時候教寶寶在自己的房間睡眠了

真相： 毫無疑問，每位父母都希望自己的寶寶是個獨立自信的寶寶。但是任何事情的實現並非一蹴而成。事實上，讓還在待哺的寶寶獨自睡在另一個房間並不是一件可取的事情，甚至非常危險。

誤解 4： 寶寶需要適應家庭，而不是要整個家庭去適應他。

真相： 對於小寶寶來說，相比立規矩，建立起他對你的信心和信任，培養寶寶的安全感才是最重要的。

要知道，當寶寶在媽媽子宮裏時，每一秒鐘你都搖晃他、抱着他。所以在最初的幾個月，即使每天你都有一半的時間在抱他，但是從寶寶的角度來看，那也減少了一半的親密時間。

所以，現在就開始行動，盡情享受摟抱、親吻你的寶寶所帶來的那份甜美與感動吧，讓他感覺被保護、被愛護無疑是最重要的。

問與答：關於寶寶睡眠的常見問題 (0 ～ 3 個月)

問： 我的寶寶是母乳餵養，爲甚麼晚上餵食的次數要明顯比別的那些奶粉餵養的嬰兒多呢？

答： 的確，母乳餵養的嬰兒在晚上需要多次餵食，而且寶寶也更容易餓。一方面是因爲母乳更容易消化，另一方面是，母親自己不太確信自己的寶寶是否已經吃飽了，或是究竟吃了多少，從而導致頻繁餵奶。

問： 寶寶吃奶睡着後，我需要給他「掃風」嗎，這樣會把他吵醒嗎？

答： 的確，很多寶寶吃完奶後，常常會變得非常安靜和滿足，或許邊吃邊睡着了，尤其是有舒適嬰兒包巾的包圍時。但是即使如此，仍然需要給他「掃風」。想必沒有人願意看到寶寶把整頓「飯」都吐出來，然後再吃一頓吧。

問： 我的寶寶只要天一亮就會醒來，這是怎麼回事呢？

答： 當清晨的第一縷陽光照進屋子裏，照在寶寶緊閉的雙眼、小小的身軀上時，寶寶體內的褪黑激素就會停止分泌，並打開他的生物鐘。這似乎是在提醒寶寶：乖寶寶，別睡了，該起床了！如果你想讓寶寶多睡一會兒，可以事先用遮光的窗簾擋住一部分陽光。

問： 我的寶寶才1個多月大，常常日夜顛倒，我該怎樣糾正這個問題呢？

答： 爲了幫助你的寶寶糾正這個問題，你可以試試下面這些方法，理想的話，一般一個星期左右就可以調整過來。

1. 多帶寶寶出去散步，享受充分的日光照射。如果天氣條件不允許的話，就在家裏享受一下日光浴，尤其是在清晨，這樣有助寶寶形成規律的生物鐘。
2. 白天多用背帶背着寶寶，向他「灌輸」白天是用來活動的時間這個概念。
3. 在所有小睡和夜間睡眠時，使用嬰兒包巾法來安撫寶寶更好地入睡。

第 5 章

4～12個月：
完成睡眠習慣的階段

4～8個月寶寶的正常睡眠情況

這段時期，寶寶與大人的互動行爲增强，如與父母玩耍、遊戲越來越多。與此同時，一種更爲規律的睡眠模式開始成型。

Encyclopedia of sleep

睡眠越來越像成人

現在寶寶已經4個月大了，他的睡眠越來越像成人，不經過 REM 睡眠期就直接進入睡眠，也就是說，小寶寶睡着後不久，就會進入熟睡模式，而且小月齡時期「抱手上睡很熟，一放床上就醒」的現象也會明顯得到改善。如果在此之前，寶寶只有抱在懷裏才能小睡，現在不妨嘗試一下入睡後把他放下，如果實在放不下，媽媽們也不用過分焦慮。

不要因擔心而偏離目標

隨着寶寶月齡的增大，他們會越來越喜愛父母的陪伴逗玩，而你做其他事情時，比如，給他穿衣服或是讓他自娛自樂一會兒，寶寶很可能會發出抗議，其實這種抗議也是非常自然且合理的。

事實上，與寶寶玩得越多，他期望得到的快樂也就越多。這是非常自然的事情，並沒有對錯之分，父母只需要讓寶寶明白做這些事情的時候，並不是想要拋棄他或是忽視他。

與此類似的是，在寶寶需要睡眠的時候，如果讓他停止有趣的遊戲，進入無趣、黑暗的房間，他也許會為此大哭大鬧，但你這樣做並不是一種無情的行爲。

相反，讓已經疲勞的寶寶硬撐着玩耍，只會讓他的脾氣變得暴躁，難以管教，而父母也會因此變得情緒激動，這樣反倒不利管教寶寶。

當然，如果你覺得對僅僅 4 個多月的寶寶來說，這些是不可接受的，那麼請在寶寶 9 ～ 10 個月的時候重新考慮本節的睡眠指點。

9 個月寶寶的正常睡眠情況

9個月的寶寶生活已經很有規律了，每天能定時吃飯、定時大便。傍晚的小睡逐漸消失，夜間餵食停止。有些寶寶可能依然需要夜間餵食，如果餵食後可以立即入睡，就不用停止餵食。

Encyclopedia of sleep

變得越來越不合作

倦了要睡覺，醒了要起床，這些天經地義的事，到了寶寶這兒，卻成了令爸媽頭痛不已的難題。也許你已經發現寶寶越來越固執，你甚至覺得他簡直太不順從、太不合作了。

但事實上，這些行為是與寶寶的自覺性、獨立感的健康發展息息相關的。別看寶寶還只是個小傢伙，可是他的主意卻不小，無論是穿衣、吃飯，還是在公眾場合，他都有可能表達出自己的意願，說要就要，說不要就不要，可以說，寶寶比之前更加努力地表達他們想要或不想要甚麼。

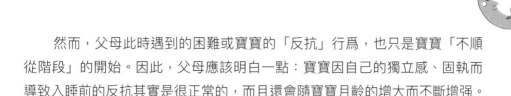

　　然而，父母此時遇到的困難或寶寶的「反抗」行為，也只是寶寶「不順從階段」的開始。因此，父母應該明白一點：寶寶因自己的獨立感、固執而導致入睡前的反抗其實是很正常的，而且還會隨寶寶月齡的增大而不斷增強。

第三次小睡消失

　　大多數寶寶在 9 個月大時，睡眠習慣上的改變之一就是不再有第三次小睡。如果寶寶在傍晚依然會小睡一會，就會導致夜晚入睡時間的延後。

　　另外，如果寶寶屬非母乳餵養，從這個月開始很可能會養成夜間餵食的習慣，如果餵食後寶寶便睡着了，那就可以繼續下去。但是如果他鬧着要玩耍，或是即使餵了寶寶，他也無法輕易入睡，那就果斷地停止夜間餵食。

> **睡眠小知識：睡前反抗因內心的孤獨**
>
> 　　很多寶寶在這一階段常常會出現害羞、害怕陌生人等行為，也有的寶寶單獨一個人在房間時，或是由傭人照顧時，會感到很傷心或者大哭，心理學家將這種行為稱為「孤獨恐懼感」。另外，寶寶在夜晚入睡前表現出的強烈反抗，也與這種孤獨恐懼感有關。

10 ～ 12 個月寶寶的正常睡眠情況

這個階段的寶寶越來越可愛了，和父母的交流也越來越多。手的動作也更加自如，能模仿大人的動作，能獨自坐很長時間，學會了爬行。清晨小睡開始消失，但大多數寶寶仍需兩次小睡。

Encyclopedia of sleep

不要剝奪寶寶的小睡

隨着寶寶的逐漸長大，父母往往會陪寶寶一起做更多的事情，與此同時，這個時期的寶寶逐漸學會了爬行，甚至蹣跚學步了，如果此時父母剝奪了寶寶的小睡，很可能讓他感到疲憊。而寶寶為了適應疲憊就會產生更多的荷爾蒙來保持清醒。

然而，隨着小睡的消失，寶寶不僅會出現明顯的疲憊傾向，在午後晚些時候或傍晚，還會表現得急躁不安，而且有的寶寶在晚上還會出現沒有理由的夜間醒來，再次入睡則變得非常困難。

所以，寶寶入睡困難之所以突然成了一個大問題，跟寶寶沒有養成健康、有規律的小睡習慣大有關係，大人剝奪寶寶的小睡往往是導致寶寶入睡困難問題的根本原因。

如果寶寶的睡眠只是偶爾因生病、旅行、聚會或假期拜訪而被輕微擾亂的話，他僅需要一些小調整即可重新恢復正常的睡眠習慣。但是如果父母對寶寶較差睡眠模式的出現和延續不採取措施，寶寶的睡眠問題就會越來越嚴重，哪怕很小的外界干擾都會給寶寶造成長時間的不安。

寶寶可能需要兩次小睡

儘管有些寶寶僅需要一次小睡，但是這個年齡段的大多數寶寶仍然需要兩次小睡。如果寶寶是由傭人照料的話，很可能會出現這樣一個現象：當父母不在家的時候，傭人可以讓寶寶安穩地小睡兩次，一旦父母自己帶寶寶了，寶寶很可能只是小睡一次。

為甚麼會出現這種情況呢？原因在於這個階段的寶寶很會區別對待人和事物。他們知道傭人得聽父母的安排，到時候就得睡眠，根本沒法反抗。但是一旦面對父母，這些古靈精怪的寶寶又會發現：「原來我的抵抗還可能換來更多的玩耍時間，這簡直太棒啦！」

畢竟許多父母在哄寶寶入睡時，常常反覆無常，這就給那些不愛睡眠的寶寶提供了機會，「既然大人可以把我帶出安靜、令人厭倦的睡房，我為甚麼要睡眠呢？外面多好啊，我要出去玩！」

學會看護寶寶入睡

不管寶寶有沒有入睡困難的問題，看護寶寶入睡都是十分有必要的。實際上大多數媽媽都會撫慰自己的寶寶入睡，這種母親與寶寶之間的親情也是最美妙的。

但是有一點一定要記住，無論寶寶在媽媽的懷中能否很好地入睡，當他們需要睡眠時就要把他們放入嬰兒床中。當寶寶入睡的時間有了一定規律時，良好的睡眠習慣便指日可待了。

該採取甚麼行動來解決睡眠問題

你現在是否依然爲寶寶的睡眠問題而困擾？每天晚上都在祈禱寶寶「趕緊長大」吧？如果是，那就採取行動解決吧，因爲年幼的寶寶通常無法自動治療睡眠掙扎。

Encyclopedia of sleep

醒得太早　撫慰很關鍵

很多寶寶在4～12個月的時候，常常是晚上6～8點上床睡眠，早上6～7點醒來。如果寶寶在6點以前便醒來了，建議不要理他，因爲如果寶寶這時得到了太多的關注，往往會爲了得到父母更多的陪伴而變得更加抗拒睡眠。長此以往，勢必會打破一整天的睡眠平衡，讓寶寶過度疲勞。

所以，父母平時應該讓寶寶晚上早點睡眠，這樣他們很可能會睡得更多，醒得更晚，因爲寶寶休息好了，睡眠也會好的。雖然這跟我們的直覺常識相悖，但這確實是事實。

> ### 睡眠小貼士
>
> 如果你的寶寶早上醒得太晚，你可以早一點叫醒他，這樣可以讓小睡時間和晚上的上床時間提早一點。

制訂 24 小時的睡眠計劃

如果寶寶處於 9 ～ 12 個月的年齡段，往往會表現得無畏、自信滿滿、探索慾又極強。於是有的寶寶的小睡次數比較少，甚至只有一次。

然而，缺乏小睡引起的疲勞會讓寶寶的入睡或保持沉睡變得更加困難。但依舊有不少父母誤以為僅有一次小睡也是可以的。事實上，睡眠缺乏的後果是長期積累的，最終會導致疲勞的寶寶出現異常表現。為此，父母需要制訂一個 24 小時的睡眠計劃來培養寶寶的健康睡眠習慣。

寶寶太興奮　晚上難入睡

很多父母整天在外工作，只有晚上回到家才能見到寶寶，而寶寶好不容易見到父母，難免會興奮，又想和父母多待一會兒，以至於遲遲不肯睡眠。

在這種情況下，寶寶很難在幾分鐘之內就完成從笑嘻嘻到獨自適應漆黑、寂靜的睡眠環境的轉變。

所以，在睡前的 1 個小時，父母應該安靜地和寶寶玩耍，並且把房間的燈光調暗。另外，避免直接或通過母乳餵給寶寶含有興奮劑的食物，比如咖啡、朱古力。當然，還需要確保一套很好的睡前程序。

睡眠小知識：過於疲勞會讓寶寶更難入睡

美國睡眠基金會發現，過於疲勞的寶寶要多花 20% 的時間才能入睡。對於那些精力超級旺盛的寶寶來說，會更為強烈。為此，在寶寶疲勞之前就讓他們睡眠，多數寶寶會很容易睡着，並且睡的時間會長一些。

擺脫寶寶夜間醒來的困擾

不少父母經常會有這樣的疑惑：我的寶寶已經 10 個月多了，可是夜晚常常醒來，這是爲甚麼呢？

大多數寶寶從 9 個月開始，隨着身體活動和思想活動的逐漸增加，開始到處爬，到處探索，變得更加活躍與獨立。如果你的寶寶有類似情況，並且平時在晚上八九點之間上床，那麼，不妨把寶寶的入睡時間稍微提前一點，這樣寶寶夜間醒來的問題很可能就會得到解決。

寶寶對這種變化是很容易接受的，只是對於下班較晚的父母來說有些難以適應。但是別忘了，寶寶在睡眠模式上的一點點改變就能帶來睡眠質素上的大大改變。

當然，在開始採取行動之前，還需要明確一件事，那就是寶寶真的存在睡眠問題嗎？如果寶寶一個晚上可以睡 8 個小時，白天能小睡 3 個小時，那就已經可以了。要知道並不是所有的寶寶都能連續睡上 10 個小時。

但是如果你覺得寶寶存在睡眠問題，那麼下一步需要做的就是認真觀察，包括寶寶疲勞時的早期訊號、小睡的時間和持續時數、睡前程序、夜醒的時間和持續時數、晨起時間，同時還需要記下當天的其他大事，例如進食、哭鬧和排便等。

喝出優質睡眠

雖說大多數寶寶從4～6個月開始已經不需要吃夜奶了，可是有時候也會因爲一些原因而在夜裏饑腸轆轆地醒來，因此，父母一定要安排好寶寶的進食，這樣才能讓寶寶睡得好。

Encyclopedia of sleep

很多媽媽經常會有這樣的疑問：「爲甚麼我的寶寶原來睡得好好的，最近卻突然開始在半夜 2 點左右因肚餓而醒來呢？」

其實，這與以下幾個原因有關：

吃了較多低卡路里的食物

對於未滿 1 歲的寶寶而言，最好的營養來源並不是低卡路里的固體食物，例如紅蘿蔔或米粉，而是高卡路里的乳汁。儘管寶寶急着想要把紅蘿蔔蓉放進自己的小口中，不管是好玩還是美味，但是如果他在白天吃了太多這種食物的話，夜醒的次數就勢必會增多。

太愛熱鬧

有些寶寶白天太容易分心，對甚麼都好奇，一上餐桌上就急匆匆地胡亂吃幾口，生怕錯過甚麼有趣的事情。這樣很容易在半夜被餓醒。

正處於猛長期

大多數寶寶在1歲之內會經歷一段較快的發育時期，在這段時期內，他會特別容易感到肚餓，往往會在淺睡眠階段醒來大吃一頓。不過，不管是甚麼原因，減輕夜間肚餓感的最好辦法就是白天餵食更多乳汁。

另外，再補充一個建議，寶寶的睡眠時間沒有必要像軍人一樣嚴格遵循，畢竟寶寶生病了，或是家裏有客人來，都會對寶寶的睡眠時間產生影響，而且在現實生活中，類似不可能完全遵守時間表的情況總是突如其來。

所以，父母只需要試着遵守時間表，並且富有預見性，如果能夠合理地貼近彈性的時間表和規律的睡前程序，一樣可以讓寶寶睡個好覺。

關於寶寶睡眠的普遍誤解（4～12個月）

誤解 1：只要讓寶寶一直醒着，直到玩累了再睡眠，他就會睡得久一些。

真相： 事實上恰恰相反，不讓寶寶小睡或是延遲就寢時間會讓他們過於興奮、焦躁不安，對於熱情、好奇心強的寶寶來說尤其如此，他們會不停地眨眼睛、抓耳朵，掙扎着不肯睡。

另外，如果寶寶白天睡不好的話，晚上的睡眠就會變得更糟糕。通俗地說，如果寶寶的前一覺沒有睡好，就會影響下一次的睡眠，而前一次睡好了，就能促進下一次睡眠。所以，在寶寶哈欠連天、睡眼矇矓之前就哄他小睡或者開啟睡前程序，他會入睡得更快，睡眠時間也會更長。

誤解 2：寶寶滿 4 個月就該停止使用嬰兒包巾。

真相： 關於嬰兒包巾，不少父母往往會有這樣的顧慮：寶寶需要解放雙手，以便吮吸、自我安慰，而使用嬰兒包巾時間太長會讓寶寶變得依賴。

實際上，寶寶使用嬰兒包巾到 4 個月或更大一些才是最好的。因為白天不用嬰兒包巾時，寶寶有足夠的時間鍛煉吮吸手指的能力，並且練習翻身和坐，而且寶寶也不會對嬰兒包巾產生依賴性。

誤解 3：晚上餵米粉可以改善睡眠。

真相：　一直以來，不少媽媽們認爲睡前給寶寶餵一兩匙米粉能填飽他們的肚子，讓他們安安穩穩地睡個整夜覺。事實上這種方法對改善寶寶的睡眠沒有任何作用。

　　　　嬰兒米粉給寶寶帶來的飽腹感，遠遠不及營養豐富的母乳或配方奶粉，因爲母乳或配方奶粉裏面的脂肪、碳水化合物和蛋白質會轉化成蛋白顆粒凝結在胃裏，然後被寶寶緩慢地消化、吸收。此外，從營養成分上看，嬰兒米粉的營養價值也比不上母乳或配方奶粉。所以說，餵米粉能改善睡眠的想法完全是錯誤的。

誤解 4：寶寶已經 6 個月了，吃固體食物才能睡得好。

真相：　現在寶寶是那麼喜歡抓大人的餐具，確切地說，他們是喜歡抓大人手裏的任何東西。畢竟看着這些漂亮的、令人流口水的食物，誰都想趕緊往嘴裏塞。但是，媽媽們不能因此就認爲固體食物在這個階段很重要。

　　　　實際上，對於這個月齡的寶寶來說，95% 的熱量由母乳或配方奶粉提供，母乳或配方奶仍然是寶寶最佳的食物選擇。寶寶到了 9 個月的時候，75% 的熱量仍然由母乳或配方奶粉提供。所以，一定要確保寶寶在白天的時候不會因爲吃了過多的輔食而錯過吃奶。否則，到了晚上，他很可能會被餓醒。

問與答：關於寶寶睡眠的常見問題（4～12個月）

問： 為甚麼帶 9 個月的寶寶去外婆家，睡前他會那麼煩躁不安？

答： 大多數寶寶從 6 個月開始，就開始懂得認識周圍的世界了，並且可以識別出甚麼是熟悉的，甚麼是陌生的。

對寶寶來說，寶寶的家和外婆的家在居家的布置、房間的燈光，甚至是衣物上的氣味等方面，都可能存在巨大的差別。尤其是對那些天生敏感的寶寶，這種情況就更有可能出現了。

為了減少不必要的干擾，媽媽不妨把外婆家的睡眠環境打造得盡可能和自己家裏一樣，比如，使用相同的夜燈、床單、心愛小物等。

問： 我的寶寶 5 個月了，睡眠的時候偶爾會便便，我應該給他換尿片嗎？

答： 寶寶在夜晚會頻繁地排尿，甚至大便，這很正常。但是因為這種情況不容易被察覺，所以大人很難知道甚麼時候該給寶寶換紙尿褲。為此，在給寶寶穿紙尿片睡眠之前，就要記得在他的小屁股上抹上一層防護霜。但是，如果你肯定寶寶已經排便了，就應該立刻給他換上乾淨的紙尿片。當然，為了讓寶寶能夠重新睡眠，最好輕輕地拍一拍他，一兩分鐘他就會再次睡着了。

問： 我的寶寶甚麼時候才能跟學步期的寶寶睡在一起呢？

答： 儘管學步期的寶寶很喜歡小嬰兒，也很友愛地和小寶寶玩耍，但是不能指望他們能保護小寶寶，畢竟他們也還小。為此，不妨等到年紀小一點的寶寶能夠真正保護自己的時候，再考慮睡在同一個房間吧。

問： 我很享受給寶寶餵奶的過程，但我應該甚麼時候給他戒夜奶呢？

答： 的確，哺乳是最令媽媽感到快樂的育兒經歷之一，而且母乳餵養無論對寶寶還是對媽媽都非常健康。如果你和丈夫都堅持餵夜奶，那就不要急着戒掉。

戒掉夜奶是一個循序漸進的過程，所以媽媽也要循序漸進地進行。一般來說，大多數 5 個月左右的寶寶可以不用吃夜奶，能睡長覺，持續睡 6 小時以上。

問： 有時候，我在半夜裏會突然發現寶寶迷迷糊糊地站在嬰兒床裏，卻不懂得坐回去。我該怎麼辦？有甚麼建議嗎？

答： 寶寶正向他的雙腿發送一個強有力的訊號，讓它們伸直站立，但是他卻無法發送另外一種訊號，命令它們放鬆、彎曲，然後坐回去。

為此，需要在白天的時候，引導寶寶做這樣一些練習：鼓勵寶寶的小手指牽着大人的手指站起來，然後放低你的手指，引導他坐回去；將你的雙手放在寶寶的腋下，扶着他站起來，再練習坐回去；讓寶寶在嬰兒床裏站起來，然後向他示範如何把手滑下去一點兒，讓他學會怎麼坐下去。

1 ～ 6 歲：
安排正確的睡眠訓練

13 ～ 15 個月寶寶的正常睡眠情況

到了學步階段，寶寶的睡眠問題依然存在。比如有時候，上午小睡僅僅半小時，下午睡不睡也不一定，一晚上甚至要醒來好幾次。那麼，如何改變這種情況呢？

Encyclopedia of sleep

每天確保有一至兩次小睡

大多數寶寶在 12 個月的時候，白天會有兩次小睡，而少部分寶寶只在下午有一次小睡。到了 15 個月時，40% 的寶寶還需要兩次小睡，而一半多的寶寶只需在下午小睡一覺。在這短暫的時期內，這變化可能會很順利，也可能比較艱難，小睡一次不太夠，而小睡兩次又做不到。

提前晚上的睡眠時間

　　爲了使這個變化過程更容易一些，父母不妨把寶寶晚上的入睡時間提前一點，這樣他在第二天上午的睡眠時間就會縮短，或是不想睡眠，只是投入地玩耍。實際上，這些寶寶大部分都不會有很疲憊的表現。這樣一來，上午的小睡自然而然就消失了。

> 🐻 **睡眠新主張**
>
> 　　晚上提前睡眠意味着父母下班回家後就要縮短與寶寶的親子時間。爲此，父母不妨在上班前抽出一段時間與寶寶玩耍。總之，父母要儘量根據寶寶的需要來安排晚上睡眠的時間和白天的小睡。

　　另外，有些寶寶習慣在上午一睡就是好幾個鐘頭，這樣到了下午的小睡時間，就會表現得極爲抗拒，要麼根本睡不着，要麼在下午接近傍晚的時候睡眼矇矓，看起來很疲憊。可是到了晚上，睡眠時間到了，他又累過了頭。一個解決方法就是把寶寶晚上的睡眠時間提前，這樣他在第二天早上醒來的時候才會精力充沛，上午的小睡時間自然也會縮短了。

縮短上午小睡的時間

　　當然，也可以強行縮短寶寶上午小睡的時間，在他睡了一個小時左右就把他叫醒，或是在他睡醒上午覺以後把他帶到戶外，然後在午休之前，慢慢減弱這種刺激。這樣寶寶就會因爲太疲憊而很快入睡了。不過，在午睡的時候，仍然需要給寶寶長時間、更放鬆的睡前撫慰。

　　總而言之，協調好父母的時間和寶寶的睡眠需要，在很大程度上決定了寶寶的小睡狀態，但是如果寶寶總是頻繁地表現出急躁、易怒、愛發脾氣的傾向，那就意味着他可能需要更長的睡眠時間。

16 ～ 24 個月寶寶的正常睡眠情況

這個年齡段的寶寶總喜歡向嬰兒床外攀爬，這對他們來說存在潛在的危險，而且就算上床睡眠了，他們在夜間也容易頻繁地醒來。

Encyclopedia of sleep

上午小睡消失了

大多數寶寶到 18 個月的時候，上午不再小睡；24 個月的時候，90% 的寶寶只在下午小睡。這個時期大多數寶寶的午覺需要睡 2 小時左右。當然，也有些寶寶在 2 歲之前，白天依舊要小睡兩次。如果寶寶有這樣的情況，則不要強迫他改變，順其自然爲好。

夜間頻繁地醒來

這個年齡段的寶寶有一個特點，就是夜間總是頻繁地醒來哭鬧，而只要把他抱起來，他就不哭了。如何解決這種情況呢？

首先，要認真回憶一下，最近一段時間是否有甚麼原因干擾了寶寶的生活規律，或是讓他感到過於疲勞？

總之，要儘量找出寶寶醒來的原因，比如紙尿褲片濕透了、寶寶餓了、寶寶在白天的情緒焦慮、寶寶鼻子不通，或者是睡衣不舒服等。

　　排除這些干擾因素，我們不建議父母過分關注寶寶在晚上的哭鬧。如果不管不顧地就去抱他、哄他，反而會使寶寶的睡眠斷斷續續，這樣只會導致寶寶睡眠質素低。

　　如果寶寶總是夜裏醒來，而這個階段他本應該睡整夜覺的，又該怎麼辦呢？

　　以下一些建議值得一試：

培養寶寶良好的睡前程序

　　正如我們提過的要建立一套固定的睡前程序，幫助寶寶產生相應的睡前聯想。比如，可以指着一個數字鐘說：「看，現在是7點半了，你該洗澡了。」洗完澡，擁抱、親吻寶寶，再講故事，然後對寶寶說：「現在8點了，該睡眠了。」漸漸地，寶寶就會明白到一個特定的時間，就沒有人會來跟他一起玩，所以他也就乖乖地睡眠了。

善用小東西讓寶寶入睡

你也可以拿一些能用來自我安慰的東西幫助他入睡，比如一隻玩具熊、一條毛毯。當然，也可以和寶寶依偎着躺在一起，假裝你自己睡着了，他慢慢地也就睡着了。

減少外在因素的影響

如果想讓寶寶睡一整夜而不影響整體的睡眠質素，最該做的事情就是教他學會如何自我安撫並重新入睡，與此同時，儘量避免讓寶寶依賴外部條件，比如燈光、吃着奶入睡。因為他一旦養成習慣，在每次夜醒時就會要有同樣的條件才能重新入睡。

睡眠小貼士

在應對寶寶晚上睡眠的問題上，如果父母不能夠採取一致的措施，那麼只能加重寶寶分離焦慮的狀況。如果寶寶已經有很長一段時間一到晚上就抗拒睡眠，在培養寶寶健康的睡眠習慣的過程中，要對寶寶長時間的頻繁哭鬧有一個心理準備。

25～36個月寶寶的正常睡眠情況

這個年齡段的寶寶個性開始發展，自我意識逐漸增強，往往會表現得反抗、不合作、爭取獨立。而這個時期寶寶的睡眠問題通常與這種正常的、不斷增長的倔強和任性密切相關。

Encyclopedia of sleep

小睡越來越少

大多數寶寶在 24 個月的時候，只需要睡 1 次午覺就行，只有 5% 的寶寶還需要 2 次小睡。當到了 36 個月的時候，絕大多數寶寶仍然要睡午覺，只有不到 10% 的寶寶白天不再小睡。

與此同時，這段時期的寶寶還會出現另外一個普遍的問題，那就是不願意睡午覺的寶寶會表現得極為疲倦，他們似乎很需要睡個午覺，哪怕只是打個盹兒。

拒絕某個時間的小睡怎麼辦

寶寶在一個特殊的事件之後，比如聚會、旅行、假期等，往往會拒絕睡午覺，導致父母精疲力竭、生氣、互相指責，這種情況又該怎麼辦呢？

睡眠新主張

大多數 2 ～ 3 歲的寶寶的午睡時間在一個半小時到兩個半小時之間，但是這並不意味着寶寶就一定需要 2 小時的午睡。如果寶寶的午睡時間不在這個時區內，那就要看看他是否一直都表現得很有精神。

要知道，寶寶還陶醉於令人興奮的事情之中，還在期待今天有甚麼有趣的事發生。這就極易導致睡眠時間不正常，引起寶寶的長期疲勞。

要解決寶寶拒絕小睡的問題，關鍵是要判斷他甚麼時候已經累了，且沒有累過頭。可以在寶寶起床後的 3 ～ 4 個小時仔細觀察一下，選擇一個合適的時間段，把寶寶放進嬰兒床裏。然後，擁抱他、親吻他、拍拍他，他就會漸漸明白：此時此地，不能玩耍，不能遊戲，只能睡眠。當他習慣在特定的地方接受熟悉的撫慰以後，就會與感到疲憊、想睡眠聯繫起來。

睡眠時間要規律和靈活

對於 2 ～ 3 歲的寶寶，父母要試着把他們的睡眠時間和午睡時間合理地規律化，同時保持這一規律。當然，也要有一定的靈活性，畢竟成人的生活方式也會影響到寶寶的睡眠狀態，而且受家庭活動的影響，寶寶的睡眠狀況也會有所改變。

比如，計劃好了一次家庭旅行，可是寶寶卻要睡午覺了，這該怎麼辦？

一般來說，如果寶寶每周已經有兩三天不再睡午覺了，而且在晚上又能早早地上床睡眠，那麼這種情況下就不會有甚麼問題，只要寶寶平時的睡眠狀況很穩定就可以。

　　反而是，如果寶寶平時的睡眠就不怎麼好，那麼，不管事先安排了甚麼活動都取消。錯過一次睡午覺很可能就會惹出大麻煩，因為寶寶真的已經很累了，他需要小睡一會兒。

3～6歲寶寶的正常睡眠情況

3～6歲是寶寶忙碌、興奮的年齡段，睡眠上的問題仍然比較多。那麼，針對這個年齡段的寶寶的睡眠問題，父母們又該如何解決呢？

Encyclopedia of sleep

小睡次數及時間逐漸縮短

大多數 3 歲左右的寶寶每天需要睡 12 個小時，其中晚上睡 10 ～ 11 個小時，白天睡 1 ～ 2 個小時。4 歲的時候，大約 50% 的寶寶每周有 5 天需要小睡。到了 5 歲，大約 25% 的寶寶每周有 4 天需要小睡。6 歲的時候，寶寶就不再需要小睡了，除非他的家庭在周末有小睡的習慣。3 ～ 4 歲，寶寶的小睡時間在 1 ～ 3 個小時，5 ～ 6 歲開始，寶寶的小睡時間縮短到 1 ～ 2 個小時。

小睡被取消如何重新調整

這個階段的寶寶，往往需要參加一些學前或是其他有時間計劃的集體活動，此時問題就出現了——寶寶的時間被安排得太滿了，寶寶還沒有做好準備，小睡就取消了。

當寶寶的小睡不得不取消時，該如何調整睡眠呢？

一般來說，這取決於寶寶的睡眠需要和晚上的睡眠情況。比如，如果他看起來昏昏欲睡，不停地揉眼睛，那說明他急需小睡一覺，但是這個小睡卻能讓寶寶到了晚上該睡眠的時間很難入睡，即使寶寶已經很疲憊了，也硬撐着。如果父母把寶寶的小睡取消，而寶寶在晚上又會睡得特別早，或是早上起得特別晚，那麼這種取消對寶寶的影響就不會太大。

一般來說，如果寶寶以前睡眠就比較好，偶爾幾次取消小睡則不會造成嚴重的睡眠問題。

如果已經計劃好讓寶寶參加一些集體活動，爲了彌補寶寶缺少的睡眠，不妨試試這個辦法：

每周一到兩次讓寶寶待在家裏有規律地小睡，或者安排一些輕鬆、安靜的活動。

🐨 睡眠小貼士

這個年齡的寶寶體力充沛、好動，比一生中的任何其他階段都要精力旺盛。但是無論怎樣，都應該將養育看成一種長期的責任和義務，而不是一系列的危機和問題，這一點真的很重要。

要不要轉換到兒童床上

通常寶寶的睡眠時間是相當長的，良好的睡眠對他的健康發育起着至關重要的作用。但是，當說到寶寶睡眠的場所時，你的選擇往往跟他新學會的體能技巧有很大關係。

Encyclopedia of sleep

嬰兒床大逃脫

很多媽媽經常會有這樣的困擾，眼看着寶寶一天天地長大，會做的事情也越來越多，可是，在睡眠這件事上，你稍不留心，他很可能就會自己從嬰兒床裏爬出來。雖說大人免不了要暗自竊喜寶寶的這種表現，但是十之八九還是心有餘悸。

的確，看着寶寶從站到走，再到跑，這個過程實在是很有趣，但是當他突然有一天像突擊隊隊員那樣撐着手跳過嬰兒床的欄杆時，你就不會再覺得好玩了。所以在他學會逃離嬰兒床之前，你要幫他完成從嬰兒床到兒童床的轉換。因為你根本不知道哪天晚上寶寶會上演一幕觸目驚心的好戲。

睡眠新主張

　　如果這種轉換引起了寶寶經常性的夜間活動，比如，哭喊着要爸爸媽媽，嚷着要水喝等，你就要三思而後行。畢竟，一個習慣的養成是個緩慢的過程，而且你需要花更多的時間陪着你的寶寶、哄他、安撫他。總之，當你深思熟慮後認爲這種改變是可行的話，那就堅定決心，對可預見的寶寶的行爲也要做好思想準備。

如何慢慢適應新床

　　當準備讓剛學會走路不久的寶寶告別嬰兒床，轉換到兒童床時，別忘了他處於一個非常容易激動、討厭改變的時期。爲此，父母需要花費一段時間讓寶寶先適應一下新床。比如，在白天的時候讓他在新床上安靜地玩一會兒，或是睡小覺，每天固定一段時間讓他在新床上活動幾次，當他慢慢熟悉了，自然就能更好地適應了。

　　與此同時，也可以繼續使用寶寶之前已經非常熟悉的一套睡眠暗示，例如心愛小物、睡前程序、催眠曲，這樣一來，他會更容易接受這種轉換。當然，爲了讓寶寶更好地適應新床，應該採取一些方法來喚起他對這種轉換的熱情。例如，爲他編一些小故事；帶他去購物，讓他親自挑選自己喜歡的床上用品等等。

第6章　1～6歲：安排正確的睡眠訓練

小心各式家居陷阱

當寶寶換到兒童床上睡之後，隨時隨地都能上下床。爲此，父母需要給房間做好安全防護，凡是電源插座、窗簾繩帶和尖角等這些容易帶來安全隱患的地方都要認真防護。

 睡眠小貼士

如果你的寶寶睡在嬰兒床上，一定要確保欄杆頂端高於他站在嬰兒床時的鎖骨位置，房間的地板上要鋪一塊軟毯或地毯，底部要防滑，並且要確保旁邊沒有任何玩偶，或別的東西可以讓寶寶踩着爬出來。

建立一套優質的睡前程序

讓寶寶睡眠通常以寶寶揉眼睛、打哈欠爲開端，以寶寶進入深度睡眠爲結尾。父母要想幫助寶寶完成這個過程，就必須弄清楚他的最佳睡眠時間，幫助他漸漸入睡。

Encyclopedia of sleep

白天做準備　晚上易入睡

　　毫無疑問，有計劃的睡前程序是寶寶優質睡眠的關鍵。但是這樣的睡眠程序並不會憑空出現，需要精心計劃，而這個計劃又開始於每一天的開始。因爲如果父母在白天和寶寶建立起良好的關係，那麼到了晚上他自然會很好地配合你。

　　爲此，父母可以在白天的時候讓寶寶盡情地享受溫暖的陽光、新鮮的空氣，多參加戶外活動，給他安排健康合理的飲食，保證規律的小睡，但也不要睡太久，要不然到了晚上，當他過於疲勞時，就會變得特別野蠻、執拗。總之，應該盡可能讓寶寶在白天保持活躍。

但是，在睡眠這件事上，寶寶討厭說教，事實上他們更傾向於做自己看見的事，而不是被大人要求的事。所以，父母一定要避免說教。

下面推薦幾種有趣的方法，既能植入善意和協作的建議，又不會讓寶寶感到壓迫。

說閒話

當父母和別人談話的時候，寶寶會很認真地「偷聽」。因此，父母可以利用「說閒話」這種方式，跟別人說一些關於寶寶做的、你想要鼓勵（或是不贊成）的事，促使他多做一些你鼓勵的行為，少一些你不認可的行為。經常這麼做的話，寶寶一定會有明顯的改變。

比如，你可以和丈夫不經意地聊一聊寶寶白天睡眠的事：「你知道嗎？今天寶寶聽到我叫他的名字立刻跑過來抱着我要睡眠，我們的寶寶真的長大啦！」

玩玩偶遊戲

比起媽媽的話，寶寶往往更願意聽小玩偶的話。比如，如果他看着牙刷不肯動手的話，可以轉向她喜歡的玩偶說：「小兔，寶寶需要你的幫助，不願意刷牙，但是我不想讓他的牙齒上有洞洞，怎麼辦呢？」接着，你再變成小熊玩偶，換種口脗對寶寶說：「你刷牙才能趕走蟲子，有健康的牙齒，那樣的話，我會爲你感到驕傲的。」結果，寶寶果真聽了玩偶的話。而你一定要給寶寶一個溫暖的擁抱，誇獎他是多麼棒的一個寶寶。

講童話故事

寶寶都喜歡聽童話故事，父母可以通過講故事的方式讓隱含的意思慢慢滲透，從而避免嘮叨或逼迫。比如，白天你可以抱着寶寶，給他講一個小故事：小鴨子先是刷了牙齒，然後快速地換完睡衣，最後親着他的小寵物說晚安！

每天遵循一套優質的就寢程序

　　對寶寶來說,安排一套優質的就寢程序,對規律的睡眠習慣的養成也很有幫助。這好比睡眠前的儀式,可以讓他漸漸明白做完這一切就該睡眠了。如果寶寶還沒有形成固定的睡前程序,那麼現在就應該開始行動了。

　　這個過程包括刷牙、洗澡、撫觸、穿睡衣等,這些活動在寶寶睡前一個小時就可以進行。給寶寶洗漱完以後,再給他輕聲讀書、講故事,也可以讓他聽一會兒音樂,這不僅能促進睡眠,對寶寶的智力發育也很有好處。

　　每個家庭選擇的睡前程序都各有不同,關鍵是要讓這個過程愉快、充滿愛意、平靜,並且堅持始終如一。而且睡前程序不僅是給寶寶穿睡衣、洗臉這麼簡單,同時也是爸爸媽媽與寶寶之間愛的紐帶。

　　當然,正如所有的寶寶都喜歡跟他們心愛的玩具說「晚安」一樣,你的寶寶肯定也不例外。像小毯子、泰迪熊都是他們睡前程序的好幫手,它們可以給予寶寶鼓勵,幫助他逐漸離開爸爸媽媽,變得成熟和獨立。

　　最後,跟寶寶說說睡前悄悄話,也能促進寶寶更好地入睡,而且還是一種高質素表達愛意的方法。

相關閱讀：睡前悄悄話——積極態度的力量

在睡前的最後時間，寶寶的思緒完全打開，就像一塊海綿一樣，可以吸收爸爸媽媽充滿愛意的話語。

睡前悄悄話正是利用了這個時間段的獨特性，在寶寶躺下以後，父母可以給他昏昏欲睡的大腦灌輸一些小夜曲。比如，講講寶寶這一天所經歷的有趣的事情，聊聊他的哪些表現非常值得讚賞，或是再說說第二天的安排。伴隨着輕柔的音樂，父母的悄悄話好比一個甜蜜的吻，可以讓寶寶甜美地入睡。

以下是如何對1歲多的寶寶運用這種程式的建議：

- 當寶寶舒舒服服地躺在床上後，你就可以依偎在他的身邊，靜靜地陪着他；
- 你的聲音要溫柔、親切，讓寶寶感受到你的親和與溫暖；
- 你可以和寶寶一起憧憬一下明天，並聊聊可能發生的值得期待的事情；

當然，在這漫長、疲憊的一天即將結束時，給寶寶一個溫暖的擁抱或是甜甜的吻，那就再好不過了。

幫助寶寶整夜安睡

一項研究發現，夜間醒在寶寶學步期階段日益增多，不少寶寶幾乎每周至少要夜間醒一次。那麼，到底是甚麼原因導致他們在夜間頻繁醒來呢？

Encyclopedia of sleep

如果寶寶繼續夜間醒，可能是以下干擾因素造成的：

肚餓

一般來說，大多數學步兒白天攝入了足夠的營養，睡前再喝點奶的話，基本能夠保證連續睡 8 ～ 10 個小時。但是如果寶寶在半夜 2 點就會醒來，想要吃上幾口的話，就要想辦法幫他改掉這個習慣了。

比如，控制夜間熱量的攝入，只餵一邊乳房，如果喝配方奶粉的話，試試把奶液混稀一點，這樣寶寶在早上醒來後會更加肚餓，白天就會吃得更多，晚上自然就吃得少了。

長牙

　　多數寶寶在出牙期間會有睡不安穩的現象，不僅如此，心情也會變得煩躁不安，有的還會出現咬牙、抓頭等動作。就像輕微的頭疼一樣，長牙帶來的不適在白天很容易被寶寶忽略，但是到了晚上就沒有那麼好受了。

　　針對長牙疼痛引起的睡眠障礙，父母一定要足夠耐性地安撫寶寶。晚上睡眠前不妨用紗布包裹手指輕輕按摩他的牙床，既可以達到清潔的作用，又能緩解牙齦癢痛，對睡眠也有一定的促進作用。至於是否要給寶寶使用專門治療牙痛的產品，一定要向醫生諮詢。

睡眠小知識：生長疼痛也會導致寶寶夜醒

　　通常，在 3 ～ 12 歲的寶寶中，有多達 25% 的寶寶會經歷生長疼痛。這種劇烈的疼痛往往出現在大腿或腿肚子上，幾個月後消失。關於是甚麼原因引起的疼痛，至今沒有一致的說法。不過，按摩、拉伸、熱敷、喝止痛藥對緩解疼痛很有幫助，但前提是一定要諮詢醫生。

大便乾結

　　便秘確實能引起寶寶的睡眠障礙，而且還會讓寶寶脾氣變壞，痛苦不堪。為此，一定要確保寶寶有足夠的運動量和水分的攝入，飲食方面最好諮詢一下醫生的建議，比如少吃便秘性食物，多吃高纖維食物。

喉嚨不適及鼻塞

可以確定的是，寶寶往往會因為喉嚨乾癢或鼻塞而睡不好覺。一旦出現這些情況，建議整夜開着加濕器，加濕器裏只用蒸餾水，並且每天都要清洗，以防止細菌滋生。還可以用溫水沖蜂蜜和檸檬汁給寶寶口服，這對緩解鼻塞也有一定幫助。

恐懼

在年幼的寶寶心裏，與爸爸媽媽分開，在黑暗的房間裏獨自入睡，是一段非常可怕的經歷。對於敏感或謹慎的寶寶來說，這種分離焦慮會更加常見。不過，讓寶寶感到恐懼的事情還遠不止這個，從惡狠狠的小狗，到渾身毛茸茸的蟲子，再到劃破天空的閃電，都可能引起寶寶的恐懼。

不管是甚麼原因引起的恐懼，幫助寶寶克服這些恐懼感的關鍵是，跟隨他的腳步，用確定、可靠的方法增強他的自信心。開始的時候，要認可寶寶的恐懼感，重複他訴說的恐懼。比如，可以這麼說：「是啊，我的寶寶，那個狗狗真的是太可怕了，我知道，你不喜歡那狗狗嚇人的樣子，是的，我也一樣不喜歡。」

稍後，等寶寶的情緒漸漸穩定下來之後，再聽到安慰的話，心裏就會放鬆多了，比如說：「寶貝，爸爸媽媽就在你的身邊，我們都在這裏保護你，你看，你的小寵物（指指寶寶心愛的玩具）也在這裏陪你。現在，你要媽媽幫你把房間的燈打開嗎？」

當如此溫柔、耐性地跟寶寶溝通時，嚇人的東西也就沒那麼可怕了。但是切記：不要立即否認令寶寶感到恐懼的東西的存在，更不要嘲笑寶寶，叫他膽小鬼。要知道，逼着寶寶面對內心的恐懼，或輕視寶寶的恐懼，只會讓寶寶的恐懼感變得更加嚴重。

如果寶寶害怕獨處，也可以利用角色扮演的遊戲、講童話故事或讀書來幫助寶寶練習面對恐懼、學會勇敢。

睡眠小貼士

在你幫助寶寶克服恐懼之前，一定要確認他真正恐懼的是甚麼？幼兒園裏是不是有愛欺負人的小朋友？新來的傭人阿姨是不是有點兒刻薄？是不是被暴雨或閃電給嚇住了？另外，還要去除一些可能會影響寶寶的壓力，例如，如廁訓練。如果寶寶的恐懼日益加重，甚至影響到日常活動，就一定要及時諮詢兒童心理學家的意見。

關於寶寶睡眠的普遍誤解（1～6歲）

誤解1：讓寶寶獨自睡眠很正常

真相：　在西方文化，寶寶一生下來就要和媽媽分開，他們認為應該讓寶寶從開始產生意識起，就知道自己是一個獨立的個體。然而，在中國文化中，「家」的觀念很重，寶寶會和兄弟姐妹們或父母睡到好幾歲大。對於寶寶多大應該睡自己的房間這個問題，全世界的父母各有不同的回答。

　　　　但是幾乎所有的專家都堅持認為，在一定的時候讓寶寶學會獨自睡眠是父母的職責，這有利於寶寶身心的健康成長。為此，專家建議，一旦寶寶能夠整夜睡眠，就應讓他在自己的房間睡。當然，前提是一定要給寶寶一個緩衝期，讓他一點點地習慣獨自睡眠。比如，先讓寶寶從白天小睡開始學會自己入睡，再讓他慢慢習慣夜裏獨自入睡。

誤解2：寶寶累了自然就會睡着了

真相：　大多數人在筋疲力盡的時候往往會倒頭就睡，但是有些寶寶卻表現得更加清醒，他們變得愛激動，在屋子裏跑個不停。事實上寶寶越是累，就越難入睡，而且晚上醒的次數也越多。

誤解 3：學步兒的睡眠與其學習能力或身體健康狀況沒有任何關係

真相：　經常被睡眠不足困擾的寶寶除了會引發一系列行為問題，比如暴躁、衝動、反抗等之外，還會引發學習方面的障礙，例如注意力不集中、求知慾不強，以及記憶力低下。

　　　　有研究表明，幼兒時期每晚減少 1 個小時的睡眠時間，很可能會影響到將來的學習能力。更值得注意的是，幼兒時期睡眠不足，還會影響到以後的身體健康。

問與答：關於寶寶睡眠的常見問題（1～6歲）

問： 我的寶寶在半夜迷迷糊糊、半夢半醒的時候，經常會爬下自己的床，溜到客廳看看我們在做甚麼，或是爬上我們的床，我該怎麼辦？

答： 2～3歲的寶寶總是爬下床看看大人做甚麼有趣的事，這是非常自然的。也許他們只是想吃點甚麼，當然，更多的是想跟大人在一起。可是經常這麼做不但影響父母的睡眠，對寶寶的睡眠也不好。

為此，父母需要在寶寶入睡前向他告知一項新規定：睡眠就是睡眠，早上起床前不能下床，並且告訴他如果他仍然爬下床，你會馬上把他放回床上去。

這麼做的時候，切記不要看他的臉，也不要跟他說話，你的沉默至關重要。相反，如果寶寶正在爬下床，你卻沒能對他保持沉默，反倒是跟他商量起來，那麼這種行為對他其實是一種鼓勵，寶寶總爬下自己的床的問題更是會經常發生。

此外，面對寶寶半夜偷偷溜下床的問題，有些父母可能會想出輪流守夜的辦法，以便兩個人都能睡一會兒，建議父母不要這麼做，因為這種變化很可能會讓寶寶存在僥倖心理：「哦，換爸爸了，他才沒有媽媽那麼

嚴厲，我可以想做甚麼就做甚麼了。」事實上，父母只有讓寶寶知道，下床沒有任何好處時，他才能學會整晚待在床上好好睡眠。

當然，如果寶寶能夠遵守新規，每天早上，一定別忘了給予寶寶大量的讚美和溫情，作為他對新規定的合作的獎賞。

問： 我的寶寶並不是不在白天小睡，或是抗拒小睡，而是她的小睡時間一點都不規律，有甚麼解決辦法嗎？

答： 首先，關於寶寶的小睡時間，父母需要明白一點：那就是寶寶每天的活動不同，使得他們清醒的時間間隔不同，小睡的持續時間也不同。

如果寶寶在某一天的活動安排特別多，而且他玩得非常開心，身體自然會很累，那麼他很可能在小睡時間還沒到就撐不住了。所以，父母對寶寶的小睡不必那麼敏感，甚至精確到分秒。

另外一個可能的原因，就是寶寶在晚上總是太晚睡眠了。對此，不妨提前晚上睡眠的時間，這種改變可以使寶寶白天的小睡越來越有規律，對延長小睡時間也有一定的幫助。

問： 相比同齡寶寶，我的寶寶在白天往往會睡很長時間，這就意味着我和寶寶互動的時間少了，他玩耍的時間也少了，這對寶寶會有影響嗎？

答： 首先，你需要確認一下，寶寶在熟睡時是不是經常有打呼嚕或是用嘴呼吸的現象。如果確實如此，那麼很可能與呼吸道過敏或者扁桃體和扁桃腺肥大有關。

此外，還有一個可能就是寶寶在晚上睡得太晚了，而白天小睡時間很長只是爲了彌補缺少的睡眠。但是，從長遠來看，這種補償是遠遠不夠的，因爲寶寶晚上睡得太晚只會使睡眠缺失的問題逐漸嚴重。

問： 我的寶寶總是早上起得太早，該怎麼辦？

答： 在很多幼兒的成長過程中，或多或少都存在這個問題。如果寶寶在 5 點到 6 點之間起床，而且一整天的精神狀態都很好，那麼，這個習慣就無須改變。

相反，如果寶寶起得太早，白天的精神狀態又不是很好，那麼，就需要想些辦法幫助寶寶建立一個健康的睡眠習慣。比如，你可以事先用不透明的窗簾把睡房調暗一些，這樣可以讓寶寶醒得更晚一點。在寶寶快要醒來的時候，躺在他的身邊，輕輕拍拍他，也許寶寶還能多睡一會。

有些家庭還有這樣一個習慣，一旦寶寶早早醒來，大人就會遞給他一個奶樽，這樣寶寶在喝完奶後還會再睡上一會兒，關鍵是，大人也能趁機補一補眠，以恢復體力。

確實，奶樽能讓早起的寶寶重新入睡。但是請注意，如果讓寶寶喝着奶入睡，很可能會損害他的牙齒。相反，如果奶樽裏只有水，就沒有關係了。

問： 我的寶寶一歲半，據傭人說白天有一些分離焦慮的症狀，晚上我下班了，就非要我抱着坐在沙發上，直到她睡着。我該怎樣才能把她單獨放在床上呢？

答： 寶寶有些焦慮是正常的，他在該睡眠的時間表現得不合作也是自然的。

作爲職業父母，一定要給予寶寶足夠的理解和耐性，除了及時滿足寶寶的生理需要，還要多和寶寶做遊戲、玩耍，多鼓勵、誇獎寶寶，這樣寶寶就會比較樂觀，信任媽媽和周圍的人，有足夠的能力去面對分離。

問： 我的寶寶總是習慣趴着睡，我擔心趴着睡不利於寶寶的健康。那麼，究竟是躺着睡好，還是趴着睡好呢？

答： 在很多媽媽看來，因爲絕大多數寶寶都是躺着睡的，所以她們認爲趴着睡眠是不健康的。的確如此，寶寶躺着睡眠更健康，哭鬧也少，而且可以盡可能避免小兒猝死綜合症。

有些父母卻認爲寶寶應當趴着睡眠，一看到寶寶翻過身來，他們就會把寶寶又翻過去。其實，應當讓寶寶自己睡，寶寶睡成甚麼姿勢就是甚麼姿勢。父母把寶寶翻回去，寶寶就會以爲父母是在和自己做遊戲，於是又翻過來。可是，遊戲做多了只會干擾正常的睡眠模式。因此，不要干涉寶寶睡眠的姿勢，讓他自己翻回去，或是換種姿勢睡眠就可以。

PART 3

每個寶寶都能
好好睡眠

第 7 章　媽媽最關心的 11 個睡眠問題

每晚上演睡眠大戰：「我不要睡眠！」

「每晚，只要我一吩咐寶寶該洗臉、刷牙、睡眠了，他們立馬就會抓狂，一點也不合作，然後每次都以我的怒喊和他們的哭鬧告終。我到底該怎麼辦？」

Encyclopedia of sleep

　　作為父母，在忙了一天之後，一定非常期待倒頭大睡的那一刻，可寶寶偏偏對睡眠萬般抗拒，讓你無所適從。那麼，寶寶為甚麼不願睡眠呢？

具體有以下幾種原因：

精神十足

很多時候，如果寶寶表現得十分清醒，此時讓他上床睡眠的話，他必然不情願，想盡各種招數拖延——再玩一會兒，再看一本書，再吃一點水果。為此，你需要留意一下寶寶在白天的睡眠安排，如果白天睡得過多，晚上睡前必然會精神十足。這時，適當調整寶寶白天小睡的時間和時數，下午再給寶寶多安排一些活動，消耗多餘的精力，這樣到了晚上，他自然會因為身體疲倦而提早上床睡眠了。

過於活躍

寶寶的世界總是充滿無限樂趣，眼看着就要到睡眠時間了，仍然像個活蹦亂跳的小精靈，完全沒有停下來的表現。為了避免寶寶繼續興奮下去，不停地喊該上床睡眠了，雖說是個方法，但完全不起作用。所以，需要避免任何刺激、新鮮的玩具或是活動項目，取而代之的是規律有序的睡前活動，這對改善寶寶的睡眠有一定幫助。

 **睡眠新主張**

寶寶總會長大，睡前活動也不能一成不變，當家裏有任何變化時，你需要及時做出相應的調整。

過於好奇

受好奇心的驅使，寶寶只要躺在床上，就會天真地以為屋子裏的其他角落會發生不可思議的事情，於是，他們因為擔心自己錯過所發生的事情而不願意入睡。所以，在寶寶躺下後，要儘量保持屋內安靜，播放紓緩的音樂，以掩蓋部分噪音，這樣，好奇的寶寶就不會再跳下床了。

過於疲憊

　　通常寶寶在晚上 6 ～ 7 點之間開始感到疲倦，可是此時往往是一家人團聚的時候，父母總想多陪陪寶寶，結果一不留神，兩個小時就過去了。這種情況下，寶寶免不了會再次變得異常清醒，進入一個興奮不睡眠的狀態。

　　爲了讓寶寶平復下來，進入睡眠狀態，一定要留出足夠的時間進行睡前活動。對大多數家庭來說，從開始睡前活動到熄燈睡眠，至少要留出一個小時。所以，父母需要先確定寶寶的睡眠時間，然後往前推一個小時，安排寶寶的睡前活動。

非要大人陪才能入睡：「媽媽，別走！」

「我的女兒五歲了，可每天晚上只有我哄着她、輕撫她，她才肯睡眠。如果我在她醒着時邁出半步，她就開始哭鬧。我很怕這樣會影響寶寶獨自睡眠的能力。」

Encyclopedia of sleep

寶寶依戀父母的原因

　　一項睡眠調查顯示，幾乎一半的父母表示需要陪在寶寶身邊，寶寶才能安心入睡。即使寶寶到了讀書的年齡，仍然有超過四分之一的父母需要每周一次陪在寶寶身邊，直到他們睡着才離開。那麼，為甚麼寶寶如此離不開父母呢？

　　寶寶在睡夢裏總是充滿着無限的未知，這讓他們迫切希望身邊有一個強大的人可以時刻保護自己，而且寶寶對黑暗的恐懼，也讓他們變得非常依戀父母的關愛，只有父母在身邊，他們才能完全放鬆地睡眠。

寶寶躺在床上的時候，還總喜歡胡思亂想，在腦海中一遍又一遍回顧當天所發生的事，比如，「我把變形金剛放在哪兒了？」、「媽媽明天要帶我去醫院，那可不是甚麼好地方。」如果想到這些令他感到不安的事，自然非常期待父母的陪伴，而不是獨自一個人躺在漆黑寂靜的睡房裏。

 睡眠新主張

你的任何行爲都應該以你的意願爲前提，不必強迫自己。否則，壞情緒很可能會彌漫開來，那一定不是平和紓緩、愛意濃濃的睡前活動。

另外，寶寶的天性中最依賴的人始終是媽媽，尤其是睡眠的時候。而且不少寶寶還將媽媽的陪伴當作睡前活動的一部分——縱使你的本意並非如此。不過，想要糾正這個習慣，只能耐性地從頭開始制訂一個新計劃。當然，也許寶寶一點也不倦，他只是想再玩一會兒，如果強迫讓他躺下睡眠，他自然不情願。唯一可以讓他平靜下來的方法就是父母的陪伴。

讓寶寶學會獨自睡眠

雖說父母都喜歡和寶寶一起依偎在床上，慢慢地看着他入睡。但是，每晚都這樣做也會帶來些麻煩，比如沒有辦法做家務，沒有辦法做自己喜歡的事。所以，應當讓寶寶學會自己入睡。在這裏，我們介紹一個溫和的、實用的方法，能幫助寶寶學會獨自睡眠。

首先，躺在寶寶的身邊，在他漸漸產生睡意時，慢慢地將毛絨玩具或毛毯遞給寶寶，並且播放輕柔的音樂或有聲讀物，舒適的環境可以讓寶寶更放鬆地去適應改變。接着，起身準備離開，此時可以找個藉口，「媽媽出去看

下時間，馬上就回來」或「媽媽去下廚房，馬上就回來」。然後，在寶寶準備下床找你時，回到睡房。

五分鐘後，再重複這個步驟。堅持幾次，寶寶就會明白雖然媽媽離開了，但還是會回來的，慢慢地就會放鬆警惕，不會再醒着不睡等媽媽回來了。

不過，有時候，寶寶一看到媽媽走開了，也會跟着下床。針對這種情況，不妨緊挨着床邊坐在椅子上，這樣回答他：「媽媽就在這兒坐一會兒，馬上和你一起睡。」或是做些瑜伽的伸展動作，總之是一些需要起身但不至於離開睡房的行為。堅持幾天，寶寶就會習慣你不在他身邊睡。

如果一切安好，那麼接下來的幾晚，便可以將椅子移得離床再遠一些，其他步驟不變。再過些日子，還可以將椅子移到門外寶寶仍然看得到的地方，

並且這樣告訴寶寶：「我要坐在燈下，專心地看會兒書，你和玩具要乖乖地不出聲哦。」看書的時候，也要適當地製造出一些聲響，這樣寶寶才會明白你並沒有走遠。

睡眠小貼士

入睡訓練的每一步要花多長時間，並沒有硬性規定，幾天、幾個星期，甚至是一個月都可能。前提是一定要根據寶寶的年齡、性格及當時的狀況來決定。當然，你的耐性和目標也很容易影響到進程的快慢。另外，雖說寶寶可以輕鬆入睡了，但你仍然需要時刻聽着屋內的動靜。

半夜還要吃奶：「寶寶甚麼時候才不用餵夜奶？」

「我的兒子已經1歲半了，但他還是一個半夜醒來吵着要吃奶的寶寶，幾乎每天晚上我都要醒來四五次。我應該怎樣幫助寶寶平穩度過斷奶期呢？」

Encyclopedia of sleep

爲甚麼斷夜奶那麼難

從寶寶降生的那一刻起，哺乳就成爲媽媽與寶寶生命中不可缺少的一部分。母乳是生命中最自然、最完美的助眠營養物，它能使活潑好動的寶寶慢慢放鬆下來。無論是白天還是晚上，無論是睡前還是半夜，只要寶寶一哭鬧，哺乳總能在第一時間平復他的情緒。

或許有的媽媽會說「我的寶寶也是母乳餵養，怎麼沒有因此變得安分呢？」儘管如此，也不能否認哺乳是安撫寶寶的「秘密武器」。當寶寶因爲哺乳睡着時，有沒有覺得這個哄睡方法簡直太輕鬆、太簡單了？其實，在寶寶的大腦中，早已將乳汁與睡眠緊緊地聯繫在一起。

對於媽媽而言，哺乳的時候，體內會分泌大量的母性荷爾蒙，這種物質除了能激發母性本能之外，還能讓人感到放鬆，慢慢產生睡意。而且在母乳餵養過程中，媽媽和寶寶的肌膚、目光、語言的接觸與交流，可以促進與寶寶感情的建立，也可使媽媽得到心理上的滿足。可見，無論是對媽媽還是對寶寶，母乳餵養都充滿吸引力。

可是，如果長時間依賴哺乳解決問題，很快就會發現一旦斷奶，寶寶並不情願也不予配合。尤其是針對寶寶夜醒的情況，更是一場持久的對抗。

其實，只需制訂一個特定的計劃，一步一步跟着做，就可逐漸給寶寶斷奶。剛開始，可能需要投入大量精力，重新調整睡前活動，還要適時地用上一點小聰明，但是當寶寶逐漸學會擺脫對哺乳的依賴而獨自入睡後，就可以睡上一夜真正的好覺了。

如何平穩度過斷奶期

斷奶是寶寶成長過程中必經的一個階段，對於寶寶和媽媽來說都是一個不小的考驗。那麼，如何讓寶寶在斷奶期也能有一個好的睡眠呢？

溫和地移開寶寶

寶寶在入睡前已經吃得飽飽，但是半夜醒來仍然要再吃次奶才能入睡，這時人們往往會認為寶寶一定是餓了，其實他只是需要一點安撫才能睡着。或許可以這麼說，只有媽媽的乳汁才能讓寶寶安然睡着。

為了改變寶寶對哺乳的過度依賴，在白天餵奶的時候就要做好準備，每次餵奶後，都對寶寶說一句「小寶貝，這次就到這裏吧，不能再吃了」。然後，一邊輕輕地把寶寶移開，一邊重複這句話三次。

如果你的寶寶還是一到半夜就要找奶喝，你可以像平時一樣哺乳，只是一旦發現他吮吸的速度減慢了，並且看起來有些放鬆、疲倦，就不要再餵了。剛開始的時候，寶寶也許不會很配合，不要緊，可以用手指推一下他的下巴，讓他從吸吮的動作中放鬆下來，同時輕輕地拍一拍他。這個過程可能要嘗試好幾遍，一旦成功，寶寶就不會再含着乳頭睡眠了。

 睡眠新主張

　　無論大人還是寶寶在夜間醒來都是很正常的，爲此你的目標不是讓寶寶不要夜醒，而是教會他醒來後，如何能自己再次睡着。

當然，也可能遇到預料之中的糟糕情況，那就是寶寶完全醒來了，並且大哭大鬧，那就再繼續餵一會兒。在這個過程中，一定要多一點耐性，直到他吮吸的速度漸漸放慢再移開，千萬不要突然抽離乳頭。隨着移開寶寶的時間越來越短，總有一天，他會徹底擺脫對夜間哺乳的依戀。

重新調整睡前安排

爲了糾正寶寶過分依賴哺乳睡眠的習慣，還可以試着在睡前安排上稍做變化。這種方法非常適合那些睡前活動以哺乳結束的家庭。這時，需要在睡前活動即將結束時，就要讓寶寶躺在床上，可以和寶寶做一些讓他感到舒適放鬆的活動，比如按摩。如果整個過程中有輕柔的音樂或有聲讀物的陪伴，會更流暢愉悅。只要堅持下去，寶寶夜醒後的各種糟糕情況便會逐漸減少。

餵奶後給寶寶講故事

斷奶的方式因寶寶的年齡而異，如果寶寶稍大一些，不妨在哺乳完後，給他講個故事。一開始，可以照常給寶寶哺乳，但是不要發出聲響。一旦寶寶喝完奶，就讓他躺在你的身邊，在黑暗中給他講個小故事。

這種方法可以讓寶寶快速進入睡眠狀態，只需重複幾次，寶寶就會慢慢期待每天的睡前故事。如果講故事的時候，寶寶想要喝水或吸奶樽，都沒關係，關鍵是讓他躺在你的身邊，不要餵奶。

教寶寶辨別何時可以吃奶

一旦寶寶要上床睡眠了，那就趕緊拉上窗簾，不要讓屋外的燈光干擾寶寶的睡眠。因此，需要事先教會寶寶如何區分光和暗。對此，你平時可以多帶他到洗手間這種黑暗的環境中，關燈時說「黑」，開燈時說「光」，反復多次，寶寶自然就會明白了。

然後，在睡前活動中，可以這麼對他說：「燈亮了，我才能給你餵奶。燈熄滅了，我們就要睡眠了。」總之，需要讓他明白是時候該睡眠了，還可以輕輕拍拍他的背部，輕聲耳語，讓他逐漸放鬆下來。

記住，在這個過程中，儘量不要用哺乳的姿勢。如果之前習慣躺在寶寶身邊餵奶，那麼現在最好坐着哄他。如果之前習慣坐在固定的梳化上餵奶，那麼現在最好換個地方。

睡眠小貼士

你可以讓家人一起參與進來，幫助你夜間斷奶。你可以讓他們做一些簡單的工作，比如抱寶寶睡午覺，或是偶爾參與寶寶的睡前活動。過一段時間，再讓家人頂替你一兩晚，帶寶寶完成睡前活動，或是應付寶寶的夜間醒問題。開始的幾個晚上往往是最痛苦的，但只要捱過去，寶寶就會進步得飛快。

噩夢：「媽媽，我怕！」

「課堂上，大人們常常會聚在一起討論，我驚訝地發現幾乎所有的寶寶都會做噩夢，有的寶寶甚至更為頻繁。我想知道寶寶為甚麼會做噩夢，該如何解決這個難題呢？」

Encyclopedia of sleep

寶寶也會做噩夢

在一夜的睡眠中，大多數寶寶會有兩個時段在做噩夢：第一個是剛睡着的兩小時內，這時做的噩夢較為真實，會使寶寶從夢中驚醒，不敢再次入睡；第二個是睡醒前的三小時內，多數寶寶會夢到白天發生的不愉快的事情，他們會突然醒來，發出喊叫或哭泣聲，表現得非常害怕、驚嚇，有的還會全身出冷汗、心跳加快。

如果成人做了一場噩夢，不管夢到了甚麼，至少知道那只是一場夢。可是寶寶就不一樣了，由於他們不能清楚地分辨現實與夢境的區別，所以當他們從噩夢中驚醒後，總是沉浸在恐懼、焦慮的情緒中，顯得極度不安。

從噩夢中驚醒該怎麼做

如果此時安慰寶寶說「沒事，你只是在做夢」，很顯然，對還不能理解甚麼是做夢的寶寶來說，恐怕有些難度，畢竟他們還太小。因此，只有設身處地、感同身受，站在他們的立場安慰他們，他們才會逐漸安靜。

可以試試下面幾種方法：

1. 和寶寶在任何時候遭遇困難時一樣，父母要第一時間出現在他的身邊，給予安慰，這是最為重要的。

2. 對寶寶而言，噩夢是非常真實的。父母要平靜並且理智地向寶寶保證他是安全的。父母處變不驚會讓寶寶明白噩夢是件很正常的事情，不會造成任何真正的傷害。

3. 如果寶寶從噩夢中驚醒，你要一直陪在他的身邊，直到他平復情緒。此時可以靜靜坐在他的身邊，給他蓋上一條溫暖的毛毯，或是打開夜燈，給他一個玩具。如果他不願意你離開，那就再多陪他一會兒，等到他完全睡着後再離開。

4. 寶寶時常做噩夢往往與生活中的麻煩問題或是事件有關。為此，父母應該給寶寶營造一個安全愉快的生活環境，杜絕用恐嚇的方式教育寶寶，取而代之的是爸媽的關懷和溫暖。

5. 如果確定寶寶正在做夢，那就允許他自己醒過來，而不是強迫他中斷睡眠。夢中被搖醒和噩夢一樣，都會令人受到驚嚇。而且這麼做還可能阻礙寶寶做夢，這樣就無法達到大腦自己對噩夢「建設性」的解決。如果噩夢的強度足以使寶寶翻來覆去，那麼寶寶一般會自己醒來。

6. 如果寶寶因為擔心做噩夢而害怕入睡，可以將睡房的門半開着，或者開着小夜燈，或是小聲地放着睡眠音樂，總之需要給寶寶足夠多的安全感，讓他在漆黑的夜晚感覺到情感上有保障。

7. 如果寶寶稍大一些，在做了噩夢後，不妨引導他與你交流他所做的噩夢。如果他提起這件事並願意告訴你，那就洗耳恭聽，即使這是一個虎頭蛇尾的故事，也要表現出濃厚的興趣。如果寶寶對你的引導樂此不疲，還可以鼓勵他把夢境畫下來，畫完後，再揉成團扔掉。這種方法可以很好地釋放他內心的恐懼，還能減少日後噩夢的發生。

睡眠小知識：警惕噩夢的高發期

　　大多數 1 ～ 4 歲的寶寶都有過不愉快的噩夢的經驗，而 4 ～ 6 歲更是做噩夢的高峰期，這個年齡段的寶寶平均幾天就會做一次噩夢，甚至一天可以做好幾次噩夢。

嚇人的夜驚：如何讓寶寶睡得安穩

「最近一段時間，我的寶寶晚上睡眠時常常會哭鬧，有時候我覺得這很正常，可是有的時候我又覺得很不安：是不是寶寶缺鈣？還是寶寶受了甚麼驚嚇？」

Encyclopedia of sleep

甚麼是夜驚

提到夜驚，很多人都把它與噩夢混為一談，因為兩者的情況比較類似。事實上，無論寶寶是在白天小睡時，還是在夜間睡眠時，夜驚都會發生。

在寶寶睡眠的過程中，通常發生在睡眠前三分之一階段，在入睡後 15～30 分鐘，他會突然驚醒，或坐或立，歇斯底里地尖叫或者大喊，而且還會出現兩眼直視、表情緊張恐懼、劇烈抽搐、胡言亂語、臉頰通紅等反應，有的寶寶甚至會跳下床，在屋內亂跑，就像有人在追趕他。幾分鐘或者更長一段時間後，他又平靜下來，躺下睡眠。可是，第二天早上他卻把這些事情忘得一乾二淨。

事實上，寶寶並不會意識到自己夜驚，一旦夜驚結束，他就會接着入睡，反倒是父母常常被嚇得心驚膽戰。

 睡眠新主張

如果家裏有老人或傭人負責照顧寶寶的睡眠，那就如實告知寶寶的夜驚情況，並分享你的經驗。但前提是一定要在寶寶不知曉的情況下完成，否則很可能會讓寶寶變得心神不定。

寶寶夜驚該怎麼辦

大多數父母在面對如此混亂的場面時，本能的反應就是把夜驚的寶寶抱在懷裏，或是細聲細語地說些「寶貝，乖」之類的話，但是這些都只不過是父母的自我安慰，處於夜驚狀態的寶寶對父母的這種行為是毫無意識的，他甚至還會失控地把父母推開。面對夜驚的寶寶，父母應該怎麼做呢？

1. 如果寶寶突然起身坐起來，可以讓他慢慢地躺下。千萬不要叫醒他，否則只會拖延整個過程。

2. 如果寶寶跳下床，一定要注意他的安全，防止他摔下床，或是撞上堅硬的家具。然後，想辦法安穩地把他放回床上。

3. 檢查一下寶寶閱讀的書籍，確保沒有不適宜的故事，避免寶寶因此產生恐懼、不安的心理。並且仔細留意寶寶一天當中所看的電視節目，儘量避免讓他接觸過於刺激的畫面。

4. 很多父母在寶寶夜驚後往往疑慮要不要告訴寶寶，我們的建議是既然寶寶在無意識的情況下夜驚，且毫無記憶，那就沒必要告訴他，否則只會讓他變得抵觸睡眠。

5. 睡前活動不可少，整個過程的節奏要紓緩平和，讓寶寶徹底放鬆，內心愉悅並充滿安全感地入睡。

6. 寶寶半夜尿急，也會引起噩夢與夜驚。因此，父母一定要讓他在睡前的最後一刻上洗手間，即使他剛剛去過，也讓他再去一次，以防萬一。另外，睡眠時間不固定也會造成寶寶夜驚，所以一定要確保寶寶每晚準時上床就寢。

　　除此之外，生活中的一些變化也會使情況惡化。比如父母的離異、弟弟妹妹的誕生、親人的去世、寵物的離去等，所有生活中的突變都有可能成為寶寶夜驚的催化劑。為此父母一定要先找出具體問題在哪裏，再找到合適的解決方法。只有給予寶寶充分的安全感，才能抵禦夜驚的侵襲。

半夜找媽媽：喜歡擠在父母身邊，怎麼辦

「我女兒4歲了，可每晚一到深夜兩點左右，她就會爬到我們的床上，非要和我們擠在一起睡。我並不介意寶寶偶爾如此，但如果寶寶經常這樣，我也會很焦慮，不知道怎麼辦才好。」

Encyclopedia of sleep

半夜找媽媽再正常不過

寶寶是非常需要安全感的，如果他是獨自一個人睡眠的話，在半夜更是會本能地尋找爸爸媽媽。對此，父母應該感到欣慰。因為寶寶是那麼的信任、愛着父母，所以他才會這麼做。可以這麼說，無論是寶寶半夜找父母，還是父母出於心疼將他摟入懷中一起睡眠，都是再正常不過的事情，大可不必為此感到焦慮。

別反悔讓寶寶獨自睡眠

在很多家庭，寶寶從出生的那刻起，就一直和爸爸媽媽睡在一張床上，每天晚上父母都會精心照顧自己的小寶貝。如果屬這種情況，想必父母就算下定決心要幫助寶寶獨自一個人睡眠，內心必定還是充滿了不捨。但是既然已經下定決心，就一定要時刻注意自己的情緒與行為。

　　然而，在這個過程中很多父母卻常常犯了不該犯的錯誤。比如，有些父母認為自己的寶寶可以獨自入睡了，為了獎勵他，就把寶寶留在大人的房間，結果可想而知，寶寶的睡眠習慣又回到了原點。又如，有些父母總是無比懷念寶寶睡在身邊的日子，每隔兩三天就會告訴寶寶自己多麼希望在夜晚能夠抱着他睡眠。這樣只會讓寶寶更加渴望和父母睡在一起。

　　所以，父母應坦然面對內心真實的想法，認真考慮一下自己和家人的需求，再決定要不要讓寶寶一個人睡。要知道，前期的心理準備不夠充分，目標不夠明確，方法沒有針對性，都會影響到自己的情緒，讓你在寶寶睡眠這件事上思路混亂。

如何讓寶寶學會自己睡

　　現在如果打定主意讓寶寶回到自己的床上睡眠，那就請相信自己完全可以做到。而且寶寶需要安全感，他如此深愛着你，而這份感情並不會因為你細心、溫和的改變而發生任何變化。

　　下面介紹幾種方法，父母可以選擇其一，或將某些要點綜合起來，再制定一個專屬寶寶的睡眠方案，耐性引導他。當然，關鍵在於付諸實踐。

準備一個睡眠區

爲了幫助寶寶學會在自己的床上睡眠，建議在大人的房間裏爲他專門準備一個睡眠區。簡單地說，就是在地上鋪上一張床墊、一條毛毯，再放上一個枕頭。

在白天的時候，可以把寶寶帶到這裏，饒有興趣地向他做一番介紹，並且告訴寶寶：「你已經長大了，可以自己選擇在大床上還是媽媽給你準備的睡眠區睡眠。」如果寶寶選擇後者，別忘了叮囑他，來到大人的房間後，必須直接睡到自己的專屬睡眠區。

這個過程一定要重複多次，這樣才能更好地加強寶寶的記憶，不然，他依舊會由着自己的性子來。剛開始，可以陪在寶寶的身邊，直到他睡着爲止。經過多次訓練後，他就能學會獨自一個人睡眠了。

給寶寶溫暖擁抱

毫無疑問，擁抱是一種無聲的語言，更是父母與寶寶交流的一種方式。沒有甚麼比每天清晨給寶寶一個充滿愛意的擁抱更讓他感到溫暖和被愛了。

更何況，年幼的寶寶如此喜歡讓家長抱着，而且臨床研究還發現，愛撫、擁抱、按摩對寶寶的身心健康都非常有益，它不僅能增強寶寶的免疫能力和反應能力，還能增進寶寶對食物的消化和吸收能力，對減少睡眠哭鬧也有一定的幫助。

周末可以一起睡

寶寶在半夜常常會以各種理由拒絕去自己的房間睡眠，因爲他是如此渴望和父母睡在一起，爲此，可以試試工作日和寶寶分開睡，周末再一起睡。

當然，這個方法也是因人而異的。有些寶寶一到周末就特別喜歡和爸爸媽媽黏在一起，平時爸爸媽媽不在家，白天能盡情玩耍，晚上也能獨自入睡。如果寶寶屬這種情況，那不妨一試。

不過，前提得跟寶寶解釋明白：「爸爸媽媽希望你整晚乖乖地睡在自己的房間。如果周一至周五你都能做到這一點，那麼到了周末，我就會給你一個獎勵——你可以和爸爸媽媽一起睡。你覺得如何呢？」想必寶寶聽到這裏一定會迫不及待地答應。

獨睡那天定為成長日

寶寶都是喜歡驚喜的，也都喜歡有特殊意義的日子。爲此，可以在寶寶獨自睡眠的那一天做些文章，比如，定一個「成長日」，賦予它特殊的意義。

在此之前，要不斷地鼓勵寶寶，比如：「當你能夠整晚睡在自己的床上了，你就會成爲一個真正的男子漢。」當這一天來臨時，可以精心布置一下寶寶的房間，換上新的床上用品，或是在天花板上掛上會發夜光的星星。

當然，蛋糕、小禮物也不能少。大多數寶寶在有獎品的情況下，都會非常主動地配合大人做出改變。當他認爲自己做了一件了不起的事情時，日後更是會好好地表現。

夜間恐懼：「屋子好黑，會不會有怪物？」

「我的女兒已經5歲了，可她一直都很怕黑，從來不敢一個人待在屋裏，特別是晚上。當我問她怕甚麼時，她總是說會有怪獸來抓她。我想知道我該做些甚麼，才能消除她內心的恐懼呢？」

Encyclopedia of sleep

成長過程總會怕黑

當寶寶還是一個小寶貝的時候，對於甚麼是黑暗沒有概念，更談不上害怕。然而，隨着寶寶一天天的成長，當他置身於黑暗的環境中，自然就會幻想出妖魔鬼怪這些可怕的事物。

事實上，怕黑意味着寶寶正在逐漸成長、發育，而且這種變化也意味着寶寶越來越聰明，他知道黑暗中還存在着他無法掌控的可能性。可以說，這些變化是寶寶成長過程中再正常不過的事。

除了講道理還能做甚麼

在寶寶能夠自己分得清真實與虛幻之前，除了跟他反復地講道理，還能做些甚麼呢？在回答這個問題之前，我們先來看一個真實的故事：

波波 3 歲時，特別害怕聽到晚上飛機從屋頂飛過的聲音。有一次，媽媽安頓他上床睡眠後，他又聽到那個聲音。這時，他戰戰兢兢地抬起頭，柔弱地說：「媽媽，我知道它不會傷害我，可我還是覺得害怕。」

想必很多父母都有過這種經歷，面對寶寶對夜晚的畏懼，即使不厭其煩地向他解釋每一個細節，告訴他是安全的，但是寶寶還是會感到一絲驚慌。

> ### 睡眠小貼士
>
> 在解決寶寶心理恐懼這件事上，如果處理過了頭，不斷地在寶寶面前檢查床底、衣櫃裏有無異樣，這樣做反而會加重寶寶的恐懼心理。

這種時候父母需要敏銳地觀察，並做出恰如其分的回應。換句話說，對寶寶做出的回應，直接影響着他對外面世界的判斷。因此，不能隨便忽略寶寶的情緒，而是應給予他足夠的包容，要明白寶寶需要父母陪伴才能安心。

如何幫助寶寶勇敢面對

恐懼與生俱來，是人的本能。大多數寶寶都會對黑暗，形態醜陋的動物、昆蟲，雷電等產生恐懼。為了幫助寶寶勇敢面對並克服他的恐懼，首先，需要讓寶寶明白：在這個世界上根本不存在甚麼妖魔鬼怪。

當發現寶寶的恐懼反應時，積極應對尤為重要。對於嬰幼兒，輕聲安慰、撫摸，以及摟抱可以弱化寶寶的擔憂。如果寶寶稍大一些，除了對身體進行安撫之外，還要鼓勵他表達恐懼。當然，父母給予寶寶情緒上的支持和認同也很重要，而不是給他貼上膽小怕事的標籤，這樣他就會越來越有能力解決問題了。

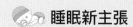 **睡眠新主張**

　　對於寶寶感到恐懼的對象，在確保安全的前提下，父母應鎮定自若地陪寶寶一起面對，為寶寶樹立榜樣。

下面這些方法也有助消除寶寶內心對黑暗的恐懼：

1. 給寶寶添置一些毛絨玩具，這會讓他充滿安全感。毛絨玩具特殊的質地可以紓緩寶寶的身心。如果寶寶喜歡，還可以給他養一些小寵物，比如小烏龜或小魚。有了寵物的陪伴，寶寶就不會感到孤單了。當然，不要選擇夜間會發聲吵鬧的寵物，還有那些容易傷害到寶寶的寵物。

2. 播放柔和的音樂。比起安靜無聲的房間裏偶爾傳來的稀奇古怪的聲音，寶寶更願意在有熟悉聲音的環境下睡眠。

3. 和寶寶進行一些有趣、好玩的夜間活動，消除寶寶對黑暗的神秘感。比如，和寶寶仰望星空，享用一頓燭光晚餐；在房間裏搭起小帳篷，在手電筒的微光下講故事，即使是非常敏感、膽小的寶寶也會喜歡這些小遊戲。最關鍵的是，這樣做能幫助寶寶與黑暗交朋友，不再害怕黑。

4. 如果寶寶聽到一些不熟悉的聲音，要及時向他解釋清楚。比如，「這是外面卡車喇叭發出的聲音」、「這是冰雹敲打在玻璃上的聲音」等等。一般來說，只要寶寶瞭解了真相，就不會覺得害怕了。

5. 進行紓緩的睡前活動，引導寶寶逐漸放鬆。幾乎所有的睡眠問題，包括寶寶的夜間恐懼，都可以依靠有規律且紓緩愉悅的睡前活動來解決。這是一天當中最有趣的活動安排，也能引導寶寶的情緒逐漸放鬆。

6. 讓寶寶遠離各種恐怖因素。無論何時，都不要讓寶寶觀看讓他感到恐怖的電視節目，在成人看來並不可怕的東西，在寶寶眼裏就全然不同。寶寶超強的記憶力會使他在晚上睡眠時不停地回想起令其感到害怕的畫面，而他的內心還沒有強大到能夠承受這些刺激，時間久了，只會不斷放大寶寶的恐懼。

看夜晚天上的星星多麼美麗啊！

尿床：寶寶又尿床了，如何是好

「我的兒子5歲半了，已經學着獨立上洗手間有一段時間了，但他幾乎每晚還是會尿床。這是怎麼了？是哪裏不對嗎？如此下去，冬天怎麼過？我們應該怎麼辦才好？」

Encyclopedia of sleep

寶寶又尿床了

在寶寶成長的過程中，尿床是父母們爲之頭疼的一件事。一般說來，寶寶在 1 歲半之後，就能在夜間控制排尿了，尿床現象大大減少。有些寶寶 2 歲多了，白天能控制排尿，晚上卻經常尿床。大多數 3 歲以後的寶寶，夜間不再遺尿，但也有少部分寶寶還在尿床，次數超過一個月兩次，就不正常了。

寶寶爲甚麼會尿床

寶寶之所以會尿床，大多與生理因素有關。一般來說，當寶寶睡着時，他的腎臟不再傳遞訊息給大腦，而他的膀胱還沒有長到能容納整晚的尿液那麼大，當膀胱積累了過多的尿液量，再加上寶寶又睡得很沉，往往無法自己醒來起床排尿，於是就尿床了。

控制排尿需要一個漫長的過程。事實上，隨着寶寶的成長，他會慢慢學會控制自己的膀胱，尿床的問題也會自行矯正過來。可以這麼說，寶寶需要時間去學習，而父母需要充分的耐性去等待最後的成果。這就像學走路和學說話一樣，是一個極其自然的學習過程，欲速則不達。

也有一些寶寶的尿床與遺傳有關。如果父母雙方中有一人或兩人都有遺尿史，寶寶尿床的機率就會很大。這種因素引起的尿床，有時到青春期才能自癒。此外，食物過敏、藥物過敏以及其他生理狀況也會引發寶寶的尿床問題。

如何幫助寶寶控制排尿

寶寶總是尿床既影響大人和寶寶的健康睡眠，也會給正常生活帶來很多不便，同時還會直接影響到寶寶的健康成長。雖說現在讓寶寶保持整晚不尿床還為時尚早，但如果他願意配合父母。

可以從以下幾個方面幫助他控制排尿：

1. 不要讓寶寶在晚飯後與入睡前喝大量的水，晚餐也要儘量少喝湯水，這會增加寶寶尿床的可能性。

2. 幫助寶寶養成排尿的習慣。比如，讓寶寶在睡前活動剛開始時排一次，在熄燈前再排一次。或是在白天囑咐寶寶儘量延長排尿間隔時間，由每隔 1 小時排尿一次逐漸延長至每隔 3 ～ 4 小時排尿一次，這有利於寶寶膀胱的正常發育，也能防止夜間尿床。

3. 打開夜燈，確保寶寶睡房到洗手間的過道上光線明亮，並且告訴寶寶，他在半夜想上洗手間的時候可以自己去。

沒關係，尿床是很正常的現象，慢慢就好了。

4. 如果寶寶尿床了，父母也不要責怪他，以免讓他覺得委屈、難堪，加重羞愧、恐懼的心理。相反，要給予恰當的安慰與鼓勵，讓寶寶知道尿床是很正常的現象，只是需要時間慢慢矯正。

睡眠小知識：尋求專業的幫助

如果寶寶到六七歲仍不時尿床，或伴有其他睡眠障礙，請儘早尋求醫生的幫助。他們會提供一些專業治療，比如適當使用嬰兒尿床報警器，進行膀胱訓練、食療或藥物治療等。

夢遊、夢囈：寶寶半夜說夢話、亂走，發生了甚麼事

「我的兒子有時睡得好好地會突然自己坐起來，爬下床，在屋子裏走來走去，有時還會含含糊糊地說一些夢話，仔細聽，全是我們難以理解的胡言亂語。對此，我該怎麼做？」

Encyclopedia of sleep

關於寶寶夢遊的那些事

夢遊和夜驚一樣，同屬一種由精神因素引起的高級神經活動暫時的功能障礙。幾乎三分之一的寶寶有過夢遊的經歷，男孩發生的可能性更大。

夢遊通常發生在前半夜，此時寶寶睡得正香，然後他們會突然驚醒，睜開眼睛，爬下床，漫無目的地在房間裏走動，一副半夢半醒的樣子。有時還會表現得躁動不安，或是喊叫。如果第二天早上和寶寶聊起此事，他一定沒有任何記憶。為此，建議父母最好不要告訴寶寶他夢遊的事，以免讓他產生不必要的困惑與擔憂。

夢遊會影響健康嗎

夢遊多在寶寶15歲之前發生，這可能與兒童大腦尚未發育成熟、大腦皮層抑制功能不足有關，並不代表寶寶有任何心理或生理問題。事實上隨着寶寶年齡的增長，中樞神經系統的發育逐漸成熟，這個現象會逐漸消失。

倘若發現寶寶在夢遊，請輕輕地將他帶回床上。除了說一些安慰的話，大可不必和他多說話，因為他根本聽不到。多數情況下，只要細心照顧，寶寶會很快睡着。

睡眠新主張

如果寶寶初次進入陌生環境，比如搬遷、旅行酒店等，父母應該先幫助寶寶熟悉周圍環境，讓他對自己的居室逐漸適應，切不可強迫寶寶獨自一人在新環境中睡眠。

如何防治寶寶夢遊

通常情況下，不必阻止寶寶夢遊。但是如果他夢遊已成習慣，對他的安全感到憂心。那麼可以試試下面這些方法：

1. 睡前不要讓寶寶喝過多水或攝入過多流質食物，幫助寶寶養成睡前排尿的習慣，以減少他因半夜憋尿而不得已起床引發的危險情況。

2. 睡前不要給寶寶講緊張興奮的故事，也不要讓他觀看緊張恐怖的電視節目。儘量給寶寶營造一種寬鬆、溫馨的睡眠環境，讓他自然入睡。

3. 確保寶寶的睡房有一套完整的兒童防護措施，收好危險的物品，將電源插座統統蓋住。同時，保持睡房地面的整潔，避免堆放玩具等雜物，尤其要整理好尖銳、鋒利的物品，以免誤傷寶寶。

4. 如果寶寶的睡房在最高層，建議在睡房的窗戶上安裝防盜窗，避免寶寶因夢遊亂走動而受傷。同時，也要避免讓寶寶睡在較高的床上或是雙層床的上鋪。

睡眠小知識：夢遊是怎樣形成的

　　研究表明，夢遊主要是人體大腦皮層活動的結果。通常，人在睡眠時，大腦皮質的細胞處於一種抑制狀態。如果這時有一組或幾組支配運動的神經細胞仍然處於興奮狀態，就會產生夢遊。而且，夢遊還與家族遺傳有關。

寶寶長牙：整晚的痛苦甚麼時候才能捱完

「我的兒子17個月大，最近他正在長新牙，可能由於疼痛，他經常哭鬧，白天他的小睡時間大幅度縮短，經常還會突然醒來，睡眠質素大打折扣。我該怎麼幫他熬過痛苦的夜晚呢？」

Encyclopedia of sleep

寶寶長牙會影響睡眠嗎

寶寶在長牙期間，往往會出現不同程度的疼痛感和不適感。且有些寶寶直到一顆潔白的新牙長出來以前，都不會有明顯的反應。有些寶寶則表現得牙齦腫痛、愛哭鬧，常常半夜醒來，從而嚴重影響睡眠。

如何改善長牙寶寶的睡眠質素

一般來說，長牙影響寶寶睡眠質素的情況最容易發生在寶寶萌出第一顆牙的時候，大多數寶寶正值五六個月時。父母可以試試下面這些方法來緩解寶寶的疼痛，進而改善他的睡眠問題。

1. 晚上睡眠時，讓寶寶含着安撫奶嘴入睡，矽膠的材質可以讓寶寶感到舒服，並且能轉移寶寶的注意力。

2. 寶寶長牙時，牙齦往往會很痛，可以給他準備一些磨牙的工具，比如磨牙棒之類的硬餅乾，或是可愛的磨牙環，從而緩解這種不舒服的感覺。

3. 在寶寶睡眠的時候，播放一些輕柔優美的音樂，不僅可以促使寶寶安然入睡，而且還能鍛煉他在周圍有輕微聲音的環境中也能睡得安穩。

4. 如果睡前父母能給寶寶唱唱兒歌，說說童謠，講講故事，在增進親子感情的同時，也可以帶給寶寶一種安全感，有助寶寶更好地入睡。寶寶知道自己睡眠後也有父母的陪伴和保護，睡起來就更香了。

睡眠小知識：如何判斷寶寶長牙了

寶寶長牙期間會有一些反常的表現，比如睡眠不安穩、愛哭鬧、流口水、喜歡啃、嚼或咬東西、不願吃奶、牙齦腫脹、煩躁易怒等。當然，不同的寶寶會有不同的表現。

磨牙：整晚磨，牙齒能受得了嗎

「我的女兒4歲了，和我們睡在一張床上。但她睡着後會時不時地磨牙，將牙咬得咯吱咯吱響，我總是會被她吵醒。她爲甚麽會磨牙呢？有甚麽方法可以讓她睡得安穩呢？」

Encyclopedia of sleep

關於寶寶磨牙的那些事

　　一般來說，寶寶在夜晚睡眠的時候都會不自覺地磨牙，這在醫學上是很正常的現象。幾乎有三分之一的寶寶睡眠時都會磨牙，其中以五歲以下兒童居多。

　　大一些的寶寶磨牙，大人能清晰地聽到寶寶夜間的磨牙聲，嬰幼兒則需要仔細觀察才能發覺。如果寶寶喜歡吸手指、咬指甲或咬口腔兩側的皮，那麼他們夜間磨牙的機率就會比較大。

這個問題無標準答案，只能說多數寶寶會在乳牙長齊後就不再磨牙了，待到換牙期，恒牙長出後，情況會有更大好轉。但也存在例外，有些寶寶會繼續磨牙，而一些本來不磨牙的寶寶上學後卻開始磨牙。

寶寶夜間磨牙的原因

一說到磨牙，很多父母就開始擔心寶寶是不是缺鈣了，還是肚子裏有蛔蟲？長時間的磨牙不但對寶寶的牙齒傷害很大，而且也預示着寶寶身上出現的其他問題。要想杜絕這種情況的發生，就應對其原因多多瞭解。那麼，寶寶夜晚睡眠爲甚麼會磨牙呢？具體有以下幾種原因：

1. 寶寶的肚子裏一旦長了蛔蟲，就會在小腸內掠奪各種營養物質，同時分泌毒素，引起寶寶消化不良、肚臍周圍隱痛，這樣他在睡眠中就會因神經興奮性不穩定而出現夜間磨牙的現象。

2. 如果寶寶總是挑食、偏食，或是晚餐進食過多，睡眠時胃腸內就極易積存食物，胃腸道就不得不加班工作。而胃部在工作的同時，也會引起面部的咀嚼肌自發性地收縮，牙齒便來回磨動了。

3. 缺少維他命 B 雜及鈣質的寶寶更易磨牙。爲此，父母要增加寶寶一日三餐的營養攝入，大量補充維他命，往往就能有效改善狀況。

4. 寶寶白天玩得過興奮，導致入睡後大腦的一部分區域仍處於興奮狀態，從而使得寶寶的下頜不由自主地上下左右前後運動，發出磨牙聲。

5. 在父母不和、父母離異的家庭中長大的寶寶，更容易因心靈受到創傷而出現夜間磨牙的現象。另外，學齡兒童因功課緊、作業多或學習不好遭到父母訓斥，很容易導致焦慮、壓抑、煩躁不安等不良情緒，從而出現夜間磨牙的症狀。

6. 寶寶睡眠時，如果頭經常偏向一側，極易造成咀嚼肌不協調，使受壓的一側咀嚼肌發生異常收縮，因而出現磨牙。

7. 一般來說，處於換牙期的寶寶也會出現磨牙現象，這是建立正常咬合所需要的一種活動。通過磨牙，使得上下牙形成良好的咬合接觸。這類夜間磨牙會自行消退，無須治療。

💤 睡眠新主張

　　如果你被寶寶的磨牙聲吵醒，不妨輕輕地撫摸一下他的下巴。雖然這樣做並不能完全解決問題，但是可以讓他暫時停止磨牙。動作一定要輕柔，不要叫醒寶寶，那樣反倒會打斷他的睡眠周期循環。

如何減少夜間磨牙

　　夜間磨牙是很多寶寶都會遇到的問題，偶爾的磨牙行為不需要干預。但是如果磨牙變成了習慣，那就需要治療了。寶寶之所以磨牙，與很多因素有關，父母還需要分清情況，有針對性地進行護理。為了減少寶寶夜間磨牙，可以試試以下方法：

1. 晚餐不要吃得太飽，飯後避免進食可樂等含有咖啡因的飲料或食物。同時，注意及時清潔牙齒。

2. 避免寶寶白天玩得過份興奮，或是出現緊張、焦慮的情緒。睡前讓寶寶少看讓人興奮的電視節目，精神上要儘量放鬆。

3. 如果寶寶體內確實有寄生蟲，需要在醫生的指導下進行驅蟲治療。但是不能盲目認爲驅蟲治療就可以消除磨牙症的發生。

睡眠小貼士

　　如果寶寶牙齒發育不好，比如錯頜、牙尖過高、齲齒或是牙周炎，也會引起不同程度的磨牙。爲此，最好請專業醫生仔細檢查，配合治療。

第8章 紅色警報及特殊情況的應對

打鼻鼾——哦 …… 不那麼好玩了

「我的兒子今年4歲，睡眠時呼嚕呼嚕，像隻小豬，很可愛。可是好多朋友卻提醒我，趕緊帶寶寶去醫院看看吧，打呼嚕很可能是病。睡得香，打呼嚕也是病？這是真的嗎？」

Encyclopedia of sleep

小小年紀愛打鼻鼾

　　你的寶寶睡眠時張着嘴嗎？入睡以後，是不是很快就打起了小呼嚕？或者醒來時呼吸急促響亮？很多父母聽着寶寶那小小的鼾聲，看着寶寶天使般的睡姿，幸福之情溢於言表，「看！睡得多香！」

其實，許多寶寶都會打鼻鼾，尤其當他們感冒流鼻涕的時候更爲常見。實際上，寶寶打鼻鼾非但不是睡得香，反而是睡得不好的表現。如果頻繁出現，多半是疾病的徵兆，而且還會嚴重影響到寶寶的生長發育。

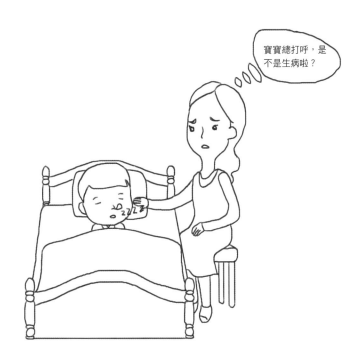

寶寶爲甚麼會打鼻鼾

打鼻鼾這件事可大可小，但要對症治療，還需分清原因。一般來說，兒童打鼻鼾多因上呼吸道堵塞引起，而急性鼻炎、過敏性鼻炎、慢性鼻炎、腺樣體肥大、扁桃體肥大都會阻礙上呼吸道的正常通氣功能，引發鼻塞、呼吸不暢、張口呼吸、睡眠打呼嚕、頻繁憋氣等不適。

那麼，寶寶出現哪些情況需要及時就診呢？反復打鼻鼾，而且每周超過3次；張口呼吸，晚上睡眠嘴巴閉不上；因呼吸不暢而憋醒；睡眠不安、反復翻身。一旦寶寶出現這些情況，應該警惕是不是病理性打鼻鼾，要及時到醫院確診。

寶寶打呼嚕　父母怎麼辦

如果寶寶晚上睡眠打鼻鼾，父母該怎麼辦呢，不妨參考以下幾點：

1. 均衡寶寶的膳食，增加食物的多樣性，合理餵養。

2. 幫助寶寶增強體質，減少上呼吸道感染的機率。爲此，可以多帶寶寶到戶外曬曬太陽，呼吸一下新鮮空氣；和寶寶做一些小遊戲，讓他的身體結實起來。

3. 幫助寶寶及時清理鼻涕等分泌物，保持鼻子的通暢。

4. 如果寶寶因睡姿不對導致打呼嚕，那就給他換個睡姿，且別讓寶寶的枕頭太高。

5. 如果寶寶的呼嚕症狀較重，一定要及時諮詢醫生，配合治療。

此外，預防寶寶打鼻鼾還要注意保證他們作息時間的規律性，減少夜間的劇烈活動。同時，減少罹患各種急慢性呼吸道傳染病的機率，避免炎症引起上呼吸道阻塞。

> ### 睡眠小知識：寶寶打鼻鼾，會是睡眠窒息症嗎
>
> 如果寶寶常常感到焦躁不安，睡眠時用嘴呼吸、打鼻鼾，或呼吸聲很重，他有可能患有睡眠窒息症。
>
> 睡眠窒息症會導致睡眠嚴重不足及其他睡眠問題。如果不及時治療，很可能會導致發育遲緩、多動症、尿床等。

過敏、感冒和鼻竇感染——讓睡眠變得更加困難

「我的寶寶正處於學步期，每隔一個月就患一次感冒，而且每次都會流清鼻涕，還會有咳嗽、發熱等不適，看着真讓人心疼，就連睡眠都不安穩了。我該怎麼做才好呢？」

Encyclopedia of sleep

過敏、感冒和鼻竇感染與睡眠

　　幾乎所有的寶寶都會被感冒困擾，還有許多寶寶會對某些特定物質有過敏反應，或是偶爾得鼻竇炎，之所以把它們放在一起，是因為它們都有一個共同點：那就是這些疾病會讓黏液進入他的喉嚨，引發不同程度的咳嗽。

　　寶寶咳嗽，對許多家長來說是件苦惱的事情。然而，更令人感到苦惱的是，遲遲不見好轉的咳嗽還會影響到寶寶的睡眠，長期下去，就連寶寶的抵抗力也會跟着下降。

過敏使寶寶入睡困難

年幼的寶寶由於免疫系統的發育尚未健全，所以相比成人，其過敏性疾病的發病率會更高。他們一旦被過敏侵襲，最明顯的反應就是流清鼻涕，有的還會出現打噴嚏、咳嗽、鼻癢等不適。若是不經醫生的診斷和治療，這種情況會一直持續下夫。所以，如果寶寶在夜間咳嗽持續了好幾個星期，就要考慮是不是過敏引起的了。

一般來說，兒童中常見的過敏有食物過敏、皮膚過敏、藥物過敏和環境過敏。食物過敏在 3 歲以下嬰幼兒中較爲常見，發病率爲 5% ～ 8%。儘管任何食物都有可能造成過敏，但是仍然有一些最常見的過敏食物，比如牛奶、雞蛋、花生、堅果類、小麥、大豆、朱古力、魚和甲殼類等。

另外，許多寶寶極易因飲食、情緒或所用的護膚品而導致皮膚表面乾燥、發紅、起斑點、脫皮或生暗瘡等。通常，這種現象在新生兒出生後 2 ～ 3 個月開始發作，3 ～ 5 歲時得到緩解。

說到藥物過敏，最容易使人發生過敏反應的藥物主要有磺胺類、汞利尿劑、青黴素類、血清製劑等。這主要與患兒的體質因素、藥物的化學性質和用藥的方法等因素有關。

此外，空氣中的灰塵，牆壁或櫃櫥裏面的黴菌，香煙、壁爐或柴火爐散發出的煙霧，以及新油漆、新地毯、空氣淨化劑也很容易引發寶寶的過敏反應。

過敏原列表

過 敏 因 素	食物過敏	牛奶、鷄蛋、花生、堅果類、小麥、大豆、朱古力、魚與甲殼類等。
	皮膚過敏	因飲食、情緒或所用的護膚品，導致皮膚表面乾燥、發紅、起斑點、脫皮或生暗瘡等。
	藥物過敏	磺胺類、汞利尿劑、青黴素類、血清製劑藥物等。
	環境過敏	空氣中的灰塵，牆壁或櫃櫥裏面的黴菌，香煙、壁爐或柴火爐散發出的煙霧，以及新油漆、新地毯、空氣淨化劑等。

防治寶寶過敏的措施

當你跟醫生談論這個問題的時候，他可能會建議從以下簡單的措施開始行動：

給寶寶純淨的環境

有過敏體質的寶寶 90% 以上對蟎蟲過敏，有灰塵的地方就有蟎蟲存在，所以家庭環境一定要保持整潔乾淨。因此，需要每天開窗通風；經常清洗地毯或茶几毯，清洗或更換毛絨玩具；使用專門的防過敏床上用品；在加熱器和空調的進風口安裝乾淨的過濾器。

避免食用能引起過敏的食物

像牛奶、雞蛋、花生、朱古力、芒果、海鮮等食物，是非常容易引起過敏的食物，父母一定要引起注意。若是發現寶寶有皮膚發癢、呼吸急促等情況，一定要及時檢查寶寶這一天的飲食結構，停止攝入過敏性食物，以防引起更嚴重的過敏反應。

杜絕吸煙

吸煙對家庭中的每個人都會產生不同程度的影響，極易引發很多身體不適，小到感冒、鼻竇感染，大到肺氣腫，甚至癌症。所以說，即使寶寶不在家，也不能在家裏吸煙。要知道，煙霧會一直吸附在牆壁上，時間久了，對身體健康自然不好。

如果寶寶的身體狀況影響到了他的睡眠，父母千萬不能掉以輕心，一定要及時就診。即使再微小或是暫時的不適都會妨礙寶寶的正常睡眠。事實上，只要適當予以調整，不僅寶寶的睡眠質素會得到改善，他的身體素質也會變強。

睡眠小貼士

對於有過敏性疾病的寶寶，父母不必過於擔心，只要日常生活中加以注意，避免接觸過敏原，一旦發生疾病，及時治療，使用正規藥物，多數寶寶的不適反應都會慢慢消退。

哮喘——偷走寶寶睡眠的「地雷」

「我的兒子晚上一直會哮喘，因此一晚上會醒來好多次，他的哮喘聲也會把我們一次次吵醒。這到底是甚麼問題呢？我們應該怎麼辦？」

Encyclopedia of sleep

關於寶寶哮喘的那些事

哮喘，是一種常見的呼吸系統的慢性疾病，也是兒童最為常見的慢性病。哮喘發作時，寶寶會使勁兒張開鼻孔，用力吸進空氣，在呼氣的時候，發出高音調的「呼呼」聲音，時間也會更長、更吃力。

發作間歇期，多數患兒症狀可完全消失，少數患兒有夜間咳嗽、胸悶等不適反應。

哮喘可在寶寶任何年齡發病，但多數始發在 5 歲以前。哮喘在夜間發作更為常見，尤其是寶寶的睡房灰塵很多，或是床上用品含有羽毛及看不見的塵蟎等過敏原時。而且哮喘復發與免疫力低有直接關係。所以防治哮喘復發的關鍵是預防感冒，防治過敏。

2 歲以下的寶寶很難診斷是不是患有哮喘，因爲除哮喘以外的很多情況也能引起寶寶氣喘或發出氣喘樣的聲音。因此，當對寶寶的健康狀況無法做出判斷時，要及時諮詢醫生進行確診和治療。若是寶寶的身體狀況已經嚴重影響到他的睡眠，更不能掉以輕心，一定要及時確診。

睡眠新主張

不要擅自診斷並給寶寶服用非處方藥，因爲許多藥物並不適合兒童，服用不當反而會加重病情。專業的醫生會告訴你如何從生活細節上進行調理，遠離哪些過敏源，並會給予適當的藥物治療。

寶寶哮喘怎麼辦

很多家長一聽說寶寶得了哮喘，就嚇得不得了。其實，父母可以通過以下方法來改善寶寶的哮喘：

1. 不要讓寶寶進食過咸、過甜、過膩、過刺激的食物，也不要進食容易過敏的食物，如魚、蝦、蟹、牛奶、桃子等。另外，也不要吃得太飽。

2. 儘量避免接觸、及時處理已知過敏原，如屋內不要放置花草等易引起過敏的物品。

3. 適度鍛煉對患兒極爲重要，可與藥物治療同時進行。鍛煉在促進寶寶血液循環及新陳代謝的同時，還能改善其呼吸功能，增強肌肉張力，提高機體對外界環境變化的適應能力，提高免疫力。

此外，當懷疑寶寶患有哮喘時，應該儘早把它扼殺在萌芽狀態，即在咳嗽初期，而不是等到寶寶的肺收縮到他會發出「呼呼」的聲音的時候。

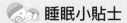

睡眠小貼士

一旦發現寶寶表現出不同於一般的感冒症狀，一定要及時記下他的不適症狀，並諮詢專業醫生。另外，還需考慮遺傳因素的影響，如果父母任意一方有哮喘疾病，那麼寶寶患病的可能性就會增大。

夜間驚厥──永遠不會結束的故事

「我的寶寶2歲了，一發高燒到38.5度以上就會引起驚厥抽搐，為此我很擔心，也很心疼，害怕發燒影響寶寶的大腦發育。我想知道寶寶發燒驚厥時該怎麼辦？」

Encyclopedia of sleep

可怕的夜間驚厥

人們很容易把夜驚的尖叫和奇怪行為誤認為是驚厥。雖然夜驚讓我們驚恐不已，但是它沒有驚厥的主要症狀。驚厥發作的典型表現為突然意識喪失，同時發生陣發性四肢和面部肌肉抽動，且伴有眼球上翻、凝視或斜視、口吐白沫、嘴角牽動、呼吸暫停、面色青紫，有的患兒還會出現大小便失禁。

6歲以下兒童驚厥的發生率為 4% ～ 6%，較成人高 10 ～ 15 倍，年齡越小發生率越高。驚厥發作時間由數秒到數分鐘，抽搐停止後多進入睡眠狀態。驚厥的頻繁發作或持續狀態常常會危及患兒生命，或是使患兒遺留嚴重的後遺症，影響寶寶的智力發育和身心健康。

甚麼原因引起夜間驚厥

　　小兒驚厥的原因從有無感染的角度來分，通常可以分為感染性（熱性驚厥）和非感染性（無熱驚厥）兩大類。感染性驚厥主要有中樞神經系統的感染，例如各種腦炎、腦膜炎和中樞神經系統以外的感染，常見的有敗血症、中毒性菌痢、肺炎等。感染性驚厥在嬰幼兒更為多見，好發年齡為 6 個月至 5 歲，發病率為 2% ～ 4%。還有一種是由突然高燒引起的驚厥，又叫高熱驚厥。這種情況很容易判斷，因為寶寶通常已經面紅耳赤，摸上去很燙。

　　無熱驚厥也是小兒常見的急診之一，病因眾多，以原發性癲癇、低鈣抽搐和腦腫瘤較為多見。臨床以突發性全身抽搐、不伴發熱為特點。此類疾病通常不發熱，但有時因驚厥時間較長，也可引起體溫升高。

睡眠小知識：熱性驚厥能降低智力嗎

　　熱性驚厥為小兒驚厥中最常見的一種，預後一般良好，引起智力低下的發生率很低。但是有少數患者可以引起智力低下，對此有兩種解釋。一種觀點認為，嚴重的熱性驚厥可以引起腦損傷，出現癲癇及智力低下。驚厥復發次數越多，出現腦損傷的可能性就越大。另一種觀點認為，在熱性驚厥發作前，小兒的神經系統已出現異常，即使不發生熱性驚厥也會出現智力低下。

寶寶驚厥了該怎麼辦

　　如果寶寶驚厥了，父母應該怎麼做呢？具體應注意以下幾點：

1. 寶寶一旦出現驚厥反應，家長首先要保持鎮靜，切勿驚慌失措。應立即讓寶寶平臥，鬆開他的領扣，把他的頭偏向一側，以便其口腔分泌物易流出，避免引起窒息。若是不幸出現窒息，應立即吸出呼吸分泌物，施行人工呼吸。

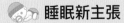 **睡眠新主張**

　　不管是甚麼原因引起的驚厥，首先要儘快用藥物控制驚厥，不然抽風時間長就可引起發熱或使心、腦功能遭受影響，個別可因窒息死亡。

2. 驚厥發作時，應儘量保持環境安靜，減少對患兒的刺激，禁止將患兒抱起或高聲呼叫。

3. 如果寶寶有高熱症狀，應給予物理或藥物降溫。如驚厥發作時間較長，皮膚無論有否發紫，均應給以吸氧，以減輕腦缺氧。

4. 驚厥發作時，禁食任何食物，包括飲水。待驚厥停止、神志清醒後，再根據病情適當給以流質或半流質食物。

5. 驚厥不止時，要立即送醫院治療，並向醫生反映抽風開始時間、抽風次數、持續時間、兩眼是否凝視或斜視、大小便有無失禁，以及解痙後有無嗜睡現象等，以便醫生進行診斷和處理。

　　此外，由於小兒驚厥對寶寶的健康成長有一定影響，所以平時的積極預防尤爲重要，這裏就介紹一些預防措施：室內經常開窗通風，多讓寶寶到室外活動，增強身體的適應能力，減少感染性疾病的發生；注意營養，除了奶類飲食以外，及時添加輔食，比如魚肝油、鈣片、維他命 B_1 和維他命 B_6，以及各種礦物質；適當合理用藥，防止小兒誤服有毒的藥品；防止小兒撞跌頭部引起腦外傷，更不能隨意用手拍打小兒頭部。

多動症到底是怎麼回事

「我的兒子現在5歲多，可是最近一年，他幾乎每晚都睡不好，他明明已經很累了，但就是在床上翻來覆去很久都睡不着。即使睡着了，稍微有一點動靜就會驚醒。這是怎麼回事？」

Encyclopedia of sleep

多動症寶寶有睡眠問題嗎

多動症，又稱「過度活躍症」，是最爲常見的兒童精神健康疾病之一。一般情況下，患兒在幼年時患病，大多會一直延續到成年。根據調查發現，有 5% ～ 10% 的學齡兒童患有此症，其中男女比例爲 5：1。許多寶寶患上多動症後，常常表現爲注意力缺失，即注意力不集中、易分心、多動、衝動易怒。有的寶寶以注意力缺失爲主，有的以多動、衝動爲主，還有的則表現爲三者並存。

值得注意的是，多動症患兒易患其他疾患，如睡眠問題、遺尿症、學習障礙、品行障礙、焦慮、抑鬱等。另外，多動症患兒在疲勞的時候，很容易變得愛反抗、情緒化。而且這些表現又會導致寶寶睡得更少，第二天變得更加暴躁……惡性循環就這樣一直持續下去。

在一項針對數千名兒童（年齡在 2 ～ 6 歲之間）的研究中發現，每晚睡眠時間少於 10 個小時的寶寶，在成爲學齡前兒童之後，多動的可能性會翻倍，在幼兒園的注意力也會相對不集中。一項新的研究還顯示，將近 50% 的多動症患兒存在短暫睡眠問題，10% 的患兒存在長期睡眠問題。可以說，睡眠問題越嚴重，多動症越嚴重。

多動症兒童有哪些睡眠問題

多動症兒童的睡眠問題主要表現爲以下特點：

1. 多動症寶寶因好動，上床睡眠會非常困難。

2. 早晨難以被喚醒，睡眠時間減少。

3. 睡眠中的不自主運動增多，周期性肢體的翻動增多，夢話比較多。

4. 睡眠中容易出現阻塞性呼吸暫停現象，可伴有打鼻鼾和肥胖。

5. 在睡眠的過程中會突然起床行走，或是在睡眠的過程中會突然出現一種短暫的驚擾狀態。

睡眠小知識：睡眠時還在動正常嗎

研究指出，多動症兒童比非多動症兒童在睡眠時明顯要好動得多。多動症的寶寶在睡眠時，動作會一個接一個，他的胳膊、腿、整個身體、頭、手都在不停地動。

如何改善多動症兒童的睡眠質素

如果寶寶被診斷爲患有多動症，父母可以採用以下方法來改善寶寶的睡眠：

1. 確保寶寶每天都有時間鍛煉身體，接受充足的陽光照射。

2. 提供富含纖維、蛋白質的飲食。

3. 避免食用含有人工色素和香精的食物。

4. 嚴格遵守小睡時間安排。

5. 制定一套穩定的睡前程序，包括安靜地遊戲、閱讀、按摩等。

6. 營造一個盡可能安靜的睡眠氛圍。

7. 睡眠前避免喧鬧的遊戲、家庭爭吵和吵鬧，以及恐怖的電視節目。

8. 向醫生諮詢如何治療過敏、打鼻鼾及其他睡眠干擾。

總之，隨着社會的發展，兒童神經心理及行爲發育問題越來越受到社會的重視。對於多動症，我們應做到早發現、早診斷、早治療。

發作性嗜睡症——不可抗拒的睡眠困擾

「我的小兒子從生下來就不愛睡眠，就算睡着了，也是睡一小會兒就自己醒來。可是，最近開始變得愛睡眠了，但醒着的時候看着也沒甚麼精神。這是怎麼回事呢？」

Encyclopedia of sleep

說起嗜睡，想必很多人都聽說過，但是就算是普通人也會偶爾有嗜睡的表現。而發作性嗜睡症的主要特徵就是過於異常的睡眠。那麼，寶寶發作性嗜睡症又有哪些臨床表現呢？

一般來說，當寶寶進行正常的日常活動時，例如看書、看電視，或是談話、行走，總之在任何場合下，會突然發生不可抗拒的睡眠，這種感覺就像被睡魔突然擊中一樣，完全不能克制自己。症狀較輕的寶寶可能會覺得特別困倦，而症狀較重的寶寶可能會在跟人說話時就突然沉睡過去。

研究發現，當寶寶處於這種睡眠狀態時，腦電圖亦呈正常的睡眠波形，與正常睡眠相似。睡眠程度不深，易喚醒，但是醒後又不容易入睡。一天可發作數次至數十次不等，持續時間一般為 10 分鐘左右。

發作性嗜睡症在 10 歲以下的寶寶中不多見。然而，當稍大一些的寶寶表現出這種症狀時，又可能會被誤認爲是注意力不集中或反應遲鈍。

此外，發作性嗜睡症還有其他伴發症，突然猝倒是最爲常見的伴發症，佔患兒的 50%～70%，發作時意識清晰。20%～30% 的發作性嗜睡患兒會出現睡眠癱瘓的症狀，表現爲意識清楚卻不能動彈，全身遲緩性癱瘓。

對於發作性嗜睡病，目前還沒有有效的藥物可以改善。不過，每天安排固定的時間小睡，養成良好的睡眠習慣，可以降低這種病症的發作頻率。

季節性情感障礙——鮮為人知的睡眠障礙

「最近兩年，我發現女兒一進入10～12月，整個人就會變得很抑鬱，睡眠質素也下降了。不過，到了春暖花開時，寶寶的狀態又會慢慢好轉。這是怎麼回事呢？」

Encyclopedia of sleep

甚麼是季節性情感障礙

這種睡眠障礙一般以「冬季抑鬱」之名而為人所知，這是因為冬天白天短、黑夜長，日照時間短容易引起抑鬱症狀，就連睡眠問題也會受到干擾。

季節變換本來是件很平常的事，在轉變的過程中，為了讓身體適應環境的變化，就有必要對自己的身體機能進行調適。由於個體存在差異，所以有些兒童在這個過程中可能一時無法適應，嚴重的就會患上兒童季節性情感障礙。

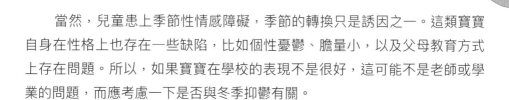

　　當然，兒童患上季節性情感障礙，季節的轉換只是誘因之一。這類寶寶自身在性格上也存在一些缺陷，比如個性憂鬱、膽量小，以及父母教育方式上存在問題。所以，如果寶寶在學校的表現不是很好，這可能不是老師或學業的問題，而應考慮一下是否與冬季抑鬱有關。

　　兒童患上季節性情感障礙主要有以下表現：

1. 對本來喜歡做的事情缺乏興趣。

2. 彷彿處於冬眠狀態，嗜睡，早晨很難自己醒來。

3. 食慾增加，愛吃糖類食品。

4. 精力不足，整天無精打采。

5. 不喜歡與人交往，喜歡獨自一個人玩。

6. 情緒容易激動，愛衝動。

7. 時常出現頭痛、胃痛等身體不適。

8. 學習成績在每年冬季忽低忽高，並伴有注意力不集中等問題。

　　當然，上述這些症狀並非同時出現，但是如果在一個時間段內，寶寶每天都會出現其中的一些症狀，那麼就要考慮做出抑鬱的診斷了。如果這些症狀僅僅或主要出現在 10 或 11 月份，那麼很有可能是季節性情感障礙的問題。

如何幫助患有季節性情感障礙的寶寶

如果寶寶被診斷出患有季節性情感障礙，父母可以這樣做：

1. 幫助寶寶理解甚麼是季節性情感障礙，並提供簡單的解釋。

2. 平時多帶寶寶進行戶外運動，或是每天抽出一段時間一起散步。

3. 額外花一點時間和寶寶待在一起，即使沒甚麼特別的事情可做，單是享受這段幸福的親子時光也能帶給你和寶寶無盡的快樂。

4. 在對寶寶進行藥物治療時，父母一定要有耐性，不要期望症狀立刻消失。

　　當兒童患上季節性情感障礙後，父母不用過於驚慌。一般來說，這種狀況會持續 4 ～ 6 周的時間，不嚴重的話不用治療，慢慢就會痊癒。只有個別表現較爲嚴重的，或是持續時間超過 3 個月以上的兒童才需要到醫院接受正規的專業治療。

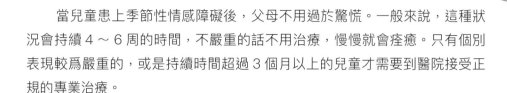

睡眠小知識：光線療法

　　據研究，患有季節性情感障礙的兒童主要因人體的生物化學物質受光影響所致。所以，光線療法是治療季節性情感障礙的有效辦法之一。光線照射時，讓患兒坐在距離光源約 45 厘米處，每隔 30 秒用眼睛迅速地瞥一下光源，注意不能凝視，以免光線刺傷眼睛。症狀往往在幾天或幾周內就會得到改善。不過，光線療法也會帶來一些輕微的副作用，可能包括頭痛、眼睛疲勞，最好在醫生的指導下使用。

第 9 章

需要瞭解的其他
睡眠問題

母乳餵養對睡眠有特殊影響嗎

「我的女兒從出生到
6個月，完全母乳餵養，幾乎
沒有一個晚上離開過我的懷抱。
可是，過了6個月，女兒的奶量日益
減少，白天經常哭鬧，晚上無法
進入深度睡眠。這是怎麼回事
呢？」

Encyclopedia of sleep

母乳餵養的寶寶存在更多的睡眠問題

為了寶寶的健康，很多媽媽會選擇母乳餵養。但母乳餵養卻是一條艱辛
的道路，過程中也會出現各種各樣的難題，母乳餵養的寶寶比其他寶寶存在
更多的睡眠問題就是其中之一。這是為甚麼呢？

1. 相比奶粉餵養的寶寶，母乳餵養的寶寶每次睡眠的時間都較短。這很可能與母乳比奶粉更易消化有關，所以母乳餵養的寶寶常常是每隔兩三個小時就要醒來一次找奶喝。

2. 母乳餵養的寶寶經常是邊吃奶、邊睡着，從而在寶寶的大腦中形成乳頭與睡眠之間的強烈聯想。一旦這種聯想形成，寶寶在半夜醒來後，就會很難自己入睡，必須含着媽媽的乳頭才能再次入睡。

睡眠新主張

可以的話，晚上進行睡前程序的時候也由爸爸來完成。當寶寶不再又哭又鬧，可以獨自入睡了，媽媽就可以和寶寶一起進行睡前的準備活動了。

母乳餵養會導致寶寶貧血

首先，我們需要正視一個事實，那就是完全母乳餵養的寶寶，比奶粉餵養的寶寶更易出現貧血症狀，看起來力氣不足、經常哭鬧、無法進入深度睡眠。

我們知道鐵成分在人體內最重要的作用是造血，而鐵成分不足會導致紅細胞的數量不足，身體活力隨之下降，導致寶寶容易煩躁哭鬧。

然而，對於母乳餵養的寶寶來說，雖然母乳中的鐵成分很容易被寶寶吸收，但是完全喝母乳的寶寶長到 6 個月左右時，單靠母乳遠遠不能補充所需的鐵成分。而奶粉中所含的鐵成分則更爲充足，喝奶粉的寶寶即使不單獨補鐵，也可以減少貧血情況的發生。爲此，大部分完全母乳餵養的寶寶在 6 個月左右時，應該及時添加含鐵食物，避免出現缺鐵引起的各種症狀。

斷掉寶寶在母乳和睡眠之間產生的不良聯想

當媽媽的乳房以及不斷的吸吮成為讓寶寶再次入睡的特定條件時，可以試試下面幾個方法來改變。

1. 為了培養寶寶即使不吃奶也能睡眠的習慣，減少整體的餵乳時間或許有一定的效果。在此之前，你需要準確掌握現在的餵乳時間，然後把它當成起點，每次減少一分鐘。只要堅持下去，總有一天會切斷寶寶的睡眠聯想。

2. 即使寶寶因為母乳餵養產生不良的睡眠聯想，也可以通過改變餵奶時間來糾正這個不良習慣。比如，把餵奶放在睡前程序的最前面，給寶寶餵完奶後，再給他洗澡、讀故事，這一點很重要。

3. 如果寶寶有晚上睡醒後非要母乳才能入睡的習慣，可以嘗試讓爸爸陪在身邊。因為如果媽媽哄寶寶睡眠，寶寶也許會想起從前，又要找奶喝。若是換成爸爸，並且媽媽堅持不出現，慢慢地，寶寶就會逐漸適應在沒有母乳的情況下入睡。

總之，每個寶寶的成長過程和心理都不一樣，因此，父母對待半夜起來哭着要吃奶的寶寶，方法也應不一樣。可以結合自己寶寶的情況，在上面方法中選擇一個最適合自己的，也可以用自己的方法解決。

當然，從決定幫助寶寶做出改變的那一天起，就要一直堅持下去，直到成功。在這個過程中，父母的耐性和保持一貫性起着極為重要的作用。

做善良的媽媽還是優秀的媽媽

「寶寶現在2歲半了，夜裏經常哭着喊『媽媽抱抱』，還不停地哭，直到我抱着他走動，才能慢慢睡去。可是經常這樣我的睡眠質素也深受影響，就連心情也變得很差。怎麼辦才好呢？」

Encyclopedia of sleep

晚上哭着要讓媽媽抱的寶寶

很多媽媽都經歷過這樣的苦惱：寶寶晚上醒來後，非要媽媽抱，若是置之不理就大哭大鬧。很多時候，爲了培養寶寶的睡眠習慣，往往是咬着牙遵守已經制訂好的睡眠訓練——讓寶寶一直哭，可是看着寶寶大哭的樣子又心疼。

事實上，那些睡眠訓練失敗的父母，之所以沒有一直堅持下去，問題就出在這種愧疚感上。尤其是朝九晚五的上班族父母，常常是一大早就要和寶寶說再見，晚上很晚了，更多時候寶寶都已經休息了才能回到家，爲此這些父母對寶寶的愧疚感會更強烈，無奈只能這樣安慰自己：即使自己晚上少睡一會兒，也要多陪寶寶玩一會兒。

然而，寶寶只有睡得多，身體和精神才會更健康，如果想讓寶寶和媽媽在短暫的玩耍時間裏都感到幸福、放鬆，睡眠才是必需的。

教育寶寶如何調節自己

所有的父母都應該深入思考這樣一個問題：在培養寶寶的過程中，父母究竟起到了甚麼作用？其實父母的作用，用一個簡單的詞說，就是「教育」。教育寶寶如何調節自我、尊重他人，以及在既定的環境下，做出恰當的行為。

對寶寶睡眠習慣的培養就是教育的一個方面。即使父母因為工作壓力或是生活瑣事累了，很想休息一下，也要讓寶寶形成好習慣。因為寶寶一旦養成壞習慣，就會產生像前面所說的各種副作用，而這些副作用會長期存在。

所以，與其做一個善良的媽媽，更應該先考慮做一個優秀的媽媽。

睡眠小知識：讓寶寶一直哭會破壞親子之間的依附感嗎

不會。很多研究結果表明，如果媽媽的態度失去一貫性，反而會引起寶寶對媽媽不安的依附感。果斷與堅持反而有助於建立親子之間的依附感。

更何況，對於年幼的寶寶來說，他們還不能用語言表達一切，只會用「哭」這種行為來表達自己的意願。若堅持用成人的觀點和行為方式去看待寶寶，反而會誇大寶寶的哭泣行為。所以，需要切記一點：寶寶的哭只是他表達自我感受的一種方式而已。

不抱寶寶會否對寶寶的情緒造成傷害

睡眠訓練和走路練習一樣，做父母的需要調整好心態，陪寶寶慢慢度過這個階段。回憶一下寶寶剛學走路的時候，是不是經常會摔倒？難道為了不讓寶寶受傷，就不讓他走路嗎？

同樣的道理，寶寶不想一個人睡眠而哭鬧，好比害怕自己走路。如果父母怕寶寶因委屈而大哭大鬧，進而暫停睡眠訓練計劃，寶寶很可能會在很長一段時間內無法睡得安穩。

其實，養育寶寶，包括進行睡眠訓練在內，最重要的是不忘初衷，保持一貫性。即使寶寶因為晚上媽媽不抱自己而大哭，第二天睡好起來後，還是會再次可愛的擁抱媽媽。

總之，那些動不動就出現情緒不安或是行為問題的寶寶，往往與其沒有一個良好的睡眠習慣有很大關係。而睡眠習慣好的寶寶，無論是行為還是情緒，都是非常穩定的。

寶寶經常生病有甚麼睡眠問題

「我的寶寶從小就愛生病，每次一生病，她就睡不安穩，還會出現煩躁、易怒、食慾減退這些問題，看着生病的寶寶還要承受這麼多的困難，心裏真不是滋味。我該如何是好？」

Encyclopedia of sleep

寶寶生病時　睡眠狀況如何

寶寶一生病，夜裏就會醒來很多次，這是令很多父母倍感焦慮的一件事。

所以，當寶寶頻繁夜醒時，格外需要父母的介入，使其放鬆，重新入睡。也許寶寶已經開始把擁抱、親吻跟重新入睡聯繫起來了。這樣一來，伴隨着發燒等痛苦的病症，寶寶的睡眠行為就會發生改變，而這種改變會在病痛過去後的很長時間內依然存在。

實際上，寶寶因發燒而頻繁醒來是一種正常現象。然而，很多父母卻不知道其實寶寶並不需要任何幫助就能重新入睡。如果在寶寶患病期間對其特殊照顧，一旦寶寶病好了，他要在沒有父母幫助的情況下學會自己重新入睡，則是一件困難的事情。

如何幫助生病的寶寶在夜間醒來後重新入睡

在寶寶生病期間，父母如何做才能幫助夜間醒來的寶寶重新入睡呢？

1. 當寶寶得了嚴重的疾病，情緒很低落時，父母要盡可能多陪陪寶寶，讓他感覺輕鬆一些。但是，當疾病的嚴重階段過去後，就應當減少夜間對他的關注。記住，普通感冒對大多數寶寶的睡眠並沒有太大的影響。當然，有必要在兒科醫生的幫助下，學會區分普通感冒時的習慣性哭鬧和病情嚴重時的痛苦的哭鬧之間的區別。

2. 有些父母只在寶寶生病的時候才陪着他睡眠，平時則讓寶寶一個人睡。其實，這種策略也常常以失敗告終，因爲不能十分肯定寶寶的病是嚴重的，還是僅僅有一點小小的不舒服。比如，寶寶午睡醒來後，可能覺得他只是有一點普通感冒的症狀，於是不太在意他的哭鬧，但是到了半夜 2 點，就開始擔心了：「怎麼燒還沒有退，體溫反倒更高了，這是怎麼回事？會不會是中耳炎呢？」

於是，正如大多數父母所經歷的那樣，間斷性行爲開始了：有時候會悄悄地看看寶寶，有時候又狠心不看。然而，父母的這種行爲其實是在教寶寶要哭得再大聲一點、再長久一點，因爲聰明的寶寶早就知道只有這樣才能把父母招來，而小聲、短暫的哭鬧根本引不起大人的注意。

一般來說，寶寶白天玩得高興，正常交流沒有問題，胃口也好，這些都是身體健康的訊號，而且普通感冒也不會對寶寶有太多的影響。反倒是儘量讓寶寶進入睡眠狀況才最有利其健康的恢復，正如研究指出的那樣，睡眠缺乏本身就能夠損傷我們的免疫系統，而免疫系統才是寶寶避免炎症的一道防火牆。所以說，生病與睡眠質素不好才會形成一種惡性循環：疾病妨礙睡眠，睡眠不好又很容易讓我們生病。

SOHO 族父母的寶寶　睡眠該如何安排

「自從寶寶降生以來，我就一直處於SOHO族的狀況。這讓我有充足的時間和精力去體驗小生命的全部成長歷程，我感到很幸福。但很多時候我還需要在工作與寶寶之間做出權衡。」

Encyclopedia of sleep

更具挑戰性的 SOHO 族

毫無疑問，在家辦公的父母可以把更多的時間和精力留給寶寶，尤其是在寶寶剛出生沒多久的一段日子裏，因爲每天絕大多數時間都處於睡眠狀態。爲此，父母有時候就會幻想：「哦，這樣安排也挺好，並沒想像中那麼難。」如果寶寶天生是那種性格溫和的人，就更是件美事了。

但是，從某些方面來說，在家工作比很多人想像得要更具挑戰性。這是因爲寶寶不斷波動的睡眠節奏無法讓他始終被禁錮在一個工作的時間表上。

另一個挑戰就是，如果你和傭人，或你的家人一起照看寶寶，當聽見寶寶的哭聲，意識到傭人或家人不能夠迅速地讓寶寶安靜下來時，你想要衝過

去的想法是那麼强烈，但是從理智上你知道傭人或家人需要與寶寶密切接觸，所以，你必須强迫自己待在辦公桌前，聽任他們找到自己的方法來撫慰寶寶。但是正如你內心糾結的那樣，想要戰勝母親的本能卻不是一件容易的事。

尊重寶寶的睡眠需求

首先，需要肯定的一個事實就是，一個休息得很好的寶寶更能適應時間表的改變。換句話說，當你懂得尊重寶寶的睡眠需求時，事情往往會變得更容易、更順暢。

假設你在家工作，且聘用了一個人幫忙照顧寶寶。當寶寶餓了要吃奶的時候，你就應該毫不猶豫地意識到就是現在，而不是過一會兒，爲此，需要立即出現在寶寶的面前，投入地給他餵奶，而不是試圖把寶寶的進食、睡眠習慣按照你的工作時間來安排。

但是，如果用配方奶代替母乳，那麼傭人就可以做了。但是即使如此，也不能光顧着自己的工作，而是要全身心地關注寶寶，務必按照寶寶的時間表來照顧他、呵護他。

怎樣做到工作和寶寶兩不誤

首先，如果請傭人幫忙，在可能要開始工作之前，就要跟傭人協調好。

其次，如果是母乳餵養，在寶寶2周左右的時候，每天儘量用奶樽給他餵一次母乳或配方奶（當然，不一定非要在每天的同一時間）。這樣做可以很好地幫助寶寶順利接受奶樽。如果給寶寶用奶樽的時間晚了，他在潛意識裏很可能就只接受媽媽的乳頭了，這樣你就失去了靈活性。事實上，每天用奶樽給寶寶餵一次奶，不會讓寶寶變得混亂，也不會導致斷奶。

另外，當你正集中精力投入工作，而寶寶恰恰需要你的關注與陪伴時，該如何是好？是繼續接電話，還是跟客戶談方案？為此，你不妨學會把重要的電話放到寶寶小睡的時候再打，或者乾脆在你非常忙碌的時候到辦公室去，躲開寶寶的干擾。

　　但是，當寶寶變得更加需要交際、更加警覺、更加需要關注時，這一切將會變得越來越困難。這也再次說明，居家辦公並非十全十美，雖然在家辦公最大的好處就是靈活，但是有時候還是會發生意料不到的事情。

🐾 睡眠小貼士

　　選擇在家辦公並不適合每一個人，但是很多父母發現只要樂意妥協，有靈活的態度和計劃，最終得到的要比付出的多得多。

如何同時處理小嬰兒和大寶寶的睡眠

「我有兩個寶寶，在很多人眼裏，可能是那種幸福的二孩媽媽。可是只有我自己知道其中的辛酸。兩個寶寶總是哭哭鬧鬧，睡不好覺。我應該怎麼辦呢？」

Encyclopedia of sleep

睡眠習慣是可以培養

家裏有兩個寶寶，無形中增添了很多快樂，兩個寶寶也可以做伴玩耍，寶寶不再那麼孤單。但是，與此同時，也出現了很多問題，兩個寶寶怎麼安排睡眠就是令很多父母倍感頭痛的一件事。

其實，再小的事情在沒有形成習慣的情況下，也往往會變成負擔。但是如果你把這些事情轉變成習慣了，你就會驚訝地發現，之前的負擔竟然不知不覺地消失了。

養育寶寶也是這個道理。在餵奶、換尿片、準備斷奶這些事情上，大部分媽媽都可以做到，而且做得都很完美。這其實是不斷練習得來的。可是，對於如何哄寶寶睡眠，媽媽卻似乎忘了習慣的重要性。

事實上，寶寶越幼小，有規律的睡眠習慣就越重要。假如二寶的睡眠時間有規律，媽媽就可以輕易預測到大寶是否會影響到二寶的睡眠。若是做到這一點，就能找到解決問題的辦法了。

家有兩個寶寶　如何安排睡眠

午覺睡眠訓練的方式與夜間睡眠訓練的方式一樣，只是在時間上縮短了一些而已。以開篇案例中的兩個寶寶為例，媽媽首先需要解決的是二寶的午覺問題。

為此，需要幫助寶寶每天改變一點，這裏建議從 15 分鐘開始。具體地說，就是讓寶寶早上早起 15 分鐘，白天早睡 15 分鐘。幾天後，二寶的午覺時間就會提前一個小時。那樣，大寶回來的時候，二寶恰好睡醒了，兩個寶寶就可以一起愉快地玩耍了。

當然，也可能會遇到這樣一個難題，那就是二寶不配合，這時可以試着改變大寶的習慣。在大寶回家之前，就把二寶的房門關上。然後給大寶安排一些不容易發出很大聲響的活動，比如洗手、換衣服、吃零食，以及玩一會兒沒有聲音的玩具。雖然，這段時間會很長，但這恰好可以確保二寶得到充分的睡眠。

　　在這個過程中，大寶很可能會變得不聽話，雖說强烈的批評甚至打罵可以使寶寶的行爲習慣化，但是表揚與鼓勵的方式更容易達到想要的結果。例如，當大寶不再大聲喧嘩，不再到處跑動時，就立即給他一個表揚貼紙。鼓勵可以迅速强化寶寶的某種行爲，這樣做的效果會更好。

家有雙胞胎　如何安排寶寶的睡眠

「我是一位雙胞胎兒女的媽媽。在最初的幾個月中，我和愛人用了很多辦法來適應這一切，也借鑒了很多有相同情況的新手爸媽的經驗，現在寶寶們的表現很不錯。」

Encyclopedia of sleep

有了雙胞胎後　生活發生了甚麼

首先，讓我們面對這樣一個現實：有時候，一個寶寶的出生是幸福，也是麻煩。但是，如果同一時間，老天賜予你兩個寶寶，那麼，幸福指數將是原來的 2 ～ 3 倍，而麻煩指數竟然是原來的 10 ～ 20 倍。

也許很多父母要問：為甚麼會有這麼大的變化？為甚麼會帶來這麼大的麻煩？給大家舉一個最平常不過的例子，你就明白了。

如果你的一個寶寶是醒着的，要玩，並且要滿屋子地跑進跑出，而另一個寶寶恰恰到了疲倦的時候，他需要休息，而你必須得哄他睡眠，這時麻煩是不是來了？再比如，此時你正在給一個寶寶餵奶，他正喝得滋味，而另一

個寶寶要便便，你需要趕緊給他換尿片，你的麻煩是不是來了？

對於很多家庭來說，生活會因為一個寶寶做怎樣的改變是一個大問題，而兩個寶寶的出現早已超出了很多人對於責任和勞動量的想像。當震撼過去，取而代之的則是摻雜着不安的激動，你和愛人很可能會在半夜三更就得起來，為了這個或那個寶寶而忙亂，或者，你們倆都根本不回去睡眠，省得走來走去，吵醒寶寶。

生活中，並不是每個家庭都有家人或傭人可以提供幫忙。即使你很幸運，有人幫忙，但是有時候還是會因為缺乏足夠的睡眠而筋疲力盡、心煩意亂。

不過，如果你事先計劃周詳，而且爸爸也能積極參與到照顧寶寶的生活中，你們倆缺乏睡眠的時間就會比較短，精神狀態也會好很多。

儘早開始睡眠訓練

對於雙胞胎家庭來說，父母最大的煩惱之一就是兩個寶寶因為睡在同一個房間，常常會吵醒彼此。

而且養育雙胞胎的工作量本來就艱巨，對於父母來說，必須努力釋放出所有的能量來照顧寶寶，而幫助寶寶養成一個好的睡眠習慣更是養育寶寶的過程中一個特別重要的環節。

為此，很多父母試圖讓雙胞胎的睡眠同步，在調教時間表上儘量做到一致，事實上這麼做根本無濟於事。有足夠的證據表明，遺傳因素對睡眠模式的形成起到了顯著的作用，同卵雙胞胎比異卵雙胞胎的睡眠模式更加相像。

對於雙胞胎，甚至是三胞胎或者更多胞胎，最主要的原則就是儘早開始進行睡眠訓練，在寶寶出生後就應該開始。首先，你需要在寶寶們醒來後 1 ～

2 個小時，就試着讓他們睡個小覺。如果任由寶寶玩耍，一旦過度疲勞，入睡就會變得非常困難。而且這麼做的另外一個好處是，等寶寶大一點之後，當你試圖調整他們的睡眠時間表時，成功率會很高。

其次，嘗試控制寶寶早上醒來的時間。當一個寶寶醒來時，你要跟他說：「白天開始了，夜晚的睡眠結束了。」這個時間點通常在早上 5 ～ 8 點之間。此時，你還需要把另一個寶寶叫醒。記住，這裏針對的是幾個星期大的寶寶。這個過程開始得越早，寶寶就休息得越好，父母成功的可能性就越大。

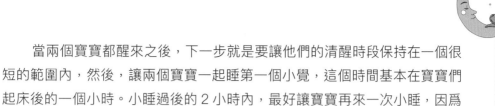

　　當兩個寶寶都醒來之後，下一步就是要讓他們的清醒時段保持在一個很短的範圍內，然後，讓兩個寶寶一起睡第一個小覺，這個時間基本在寶寶們起床後的一個小時。小睡過後的 2 小時內，最好讓寶寶再來一次小睡，因為對於小嬰兒來說，當清醒時間超過 2 小時，他們就不會表現得很乖了。

　　當到了晚上，為寶寶安排較早的上床時間很有必要，因為這樣做可以使白天的小睡變得更有規律，而且小睡的時間也會延長。另外，安撫兩個寶寶的風格也要趨一致。

如何預防和處理搬家引起的睡眠麻煩

「在我們搬家前，兒子已經養成了較爲規律的睡眠習慣，但是令人意想不到的是，就在我和愛人爲搬家做準備的時候（搬家前2個月左右），兒子的睡眠習慣發生了很大的改變。」

Encyclopedia of sleep

由於搬家而導致寶寶產生焦慮或恐懼等情緒，進而影響到平時規律的睡眠，對於寶寶來說是自然的、正常的。作爲父母，不需要過度擔心。在大多數情況下，只要注意以下事項，相信過不了幾天，寶寶的睡眠問題就會得到解決。

1. 在準備搬家或剛搬進新房的時候，一定要盡可能保持寶寶睡眠習慣的規律性和延續性。這就意味着，在寶寶應該睡眠的時間，千萬不能再帶着他繼續逛家居商店或是園藝店。

2. 在幫助寶寶做出調整的日子裏，儘量不要理會寶寶任何抗議的哭聲，即使是因爲搬家這件事已經造成了他不規律的睡眠。要知道，任何人對待新事物都會萌生出一定的恐懼與好奇心理，寶寶也不例外，只是

程度不同而已，這往往會直接引起他諸如拒絕小睡、晚上難以入睡、夜間頻繁醒來等問題。為此，父母的態度一定要堅決溫和，並且一致，同時允許自己和寶寶有 1～2 天的調整期，以適應新的環境。

3. 在這個轉變的過程中，需要給予寶寶更多的撫慰，增加晚上額外的安撫時間，開夜燈，或是把門打開一條縫，這些都能幫助寶寶鎮定和放鬆下來。當然，在這麼做的時候，一定要把握適當，不能讓寶寶認為這種額外的撫慰是無止境的。為此，父母需要提前設定一個時間期限，看到時間快到了，就要做好離開的準備。幾天後，再逐漸地減少撫慰的時間，鼓勵寶寶回到以前健康的睡眠習慣中。

如果能夠靈活運用上述這些辦法，相信用不了幾天時間，寶寶的睡眠就能變得有規律了。

如何解決因寶寶誕生而產生的睡眠問題

「我有兩個寶寶，二寶出生後，大寶覺得自己和弟弟就是敵對關係。在我們家裏，兄弟倆之間的『戰爭』從來就沒有停止過，不僅如此，兩個人的睡眠質素都很受影響。」

Encyclopedia of sleep

讓大寶參與到二寶出生前的過程中

「如果有了弟弟妹妹，爸爸媽媽就不疼我了。」這是很多大寶對家裏新添成員（弟弟或妹妹）的第一反應。本來睡得很好的寶寶，他的睡眠習慣也可能因爲突如其來的壓力而遭到破壞。

寶寶都有一定的佔有慾，敏感程度也較高，再加上之前一直是家裏的核心，早已習慣了被衆人呵護的生活，而弟弟（或妹妹）的出生勢必會減少父母對他們的關愛，這種潛在的敵對心理很容易給大寶造成壓力，而大寶受到壓力不僅會表現出愛發脾氣、愛耍賴、愛黏人、不講道理等行爲，還會直接影響到他的睡眠。

因此，父母千萬不要因為寶寶年紀小就忽略他的心理感受，而是要讓他提前做好心理準備，慢慢接受弟弟（或妹妹）的出現。比如，在日常生活中，父母要潛移默化地幫助大寶喜歡未來的弟弟（或妹妹）。早晨起床時，媽媽可以以大寶的口脗跟肚子裏的二寶聊聊天：「小寶，我是你的哥哥（或姐姐），你起床了嗎？」給大寶餵飯時，媽媽可以把勺子送到自己的肚子上，以大寶的口脗說：「給小寶喝。」

簡單地說，當肚子裏有了小寶寶之後，全家人要特別注重大寶的感受，「有了弟弟（或妹妹）就不喜歡你」之類的話更是絕對禁止。漸漸地，大寶就會接受這個還未出生的小寶，也認同了自己即將成為哥哥（或姐姐）的身份。

再比如，父母可以和大寶一起讀關於弟弟（或妹妹）的童話書，或是讓大寶給媽媽肚子裏的弟弟（或妹妹）講故事，當然，還可以讓大寶愉快地參與到為弟弟（或妹妹）準備物品的過程中。和寶寶努力搭建平等的關係，讓寶寶更多地參與到家庭決策中來，這一點非常重要。

二寶出生後，針對大寶睡眠問題的對策

在很多有兩個寶寶的家庭中經常會出現這樣一幕：弟弟（或妹妹）出生後，到了晚上，大寶常常表現得不想上床睡眠。也許，父母不是不知道大寶的心思。媽媽為了弟弟（或妹妹），縮短了自己的睡眠時間，而大寶只是想和爸爸、媽媽多待一會兒。

睡眠新主張

假如單憑夫妻倆的力量實在無法顧及兩個寶寶，那麼，就要儘量動員所有親戚，請求大家暫時給予兩個寶寶無微不至的關懷。這樣做，換來的無疑是未來幾年，甚至是更長時間的幸福生活。

其實，二寶出生後，大部分大寶出現的睡眠問題從根本上說都是心理問題。作為父母更應該注意觀察大寶是否受到心理傷害。如果父母對那個傷害假裝不知，大寶的心理發展就會受到影響，進而還會產生包括睡眠問題在內的許多問題。因此，父母應當注意以下事項：

努力讓大寶保持之前的睡眠習慣

如果為了哄二寶睡眠而改變大寶的睡眠習慣，就會讓大寶的睡眠狀況變得更糟糕。此時，可以讓爸爸像從前一樣哄大寶睡眠，媽媽陪着二寶；或者讓爸爸留在二寶身邊，媽媽哄大寶睡眠。

和大寶約定睡眠的時間

如果大寶已經認識數字了，就用電子錶設定時間。然而，事情的發展並非總是如你所願，即使到了約定的睡眠時間，大寶也可能會哭着耍賴，一副不達目的不罷休的樣子。為此，需要給予恰當的獎與罰。比如，如果大寶聽媽媽的話去睡眠，就給他一張貼紙，集齊若干張貼紙後，就可以向媽媽索要之前約定的禮物。如果大寶不遵守約定的時間，媽媽就收回一張貼紙，讓他學會反省。

如果寶寶實在不想睡眠，就會使出各種可愛的協商戰略，比如「我想喝水」、「我想去洗手間」「我還沒跟爸爸、媽媽說晚安」⋯⋯如果父母順從了寶寶，不僅很難哄他睡眠，就連一向遵守約定的父母也會失去威嚴；如果父母不順從寶寶，似乎又有些殘酷，陷入進退兩難的境地。

在這種情況下，當然是遵守原則比較好。不過，一定要靈活運用。一般來說，在寶寶還很小的時候，培養睡眠習慣的方法只需要有計劃即可。當寶寶長大一些後，就要準備各種各樣的方法，並且考慮到各種變數。

如何對待寶寶性格不同的睡眠問題

「我的寶寶才1歲多，可是我發現他的性格很倔強，有時他不願意做的事情，再怎麼哄他都不肯做。如果我強制他按我的要求去做，他就哭鬧，爲此我感到很困惑，不知道該怎麼辦才好。」

Encyclopedia of sleep

對待倔強的寶寶需要更多耐性

育兒專家一直在強調，寶寶的性格不同，養育方法也應該不同。睡眠訓練也遵循這個道理。那些性格倔強的寶寶，往往不容易接受任何訓練，當然包括睡眠訓練在內，他們總是非要媽媽順着自己的意願。

誠然，父母需要盡可能地尊重寶寶的感受、願望及習慣，就像我們需要尊重自己一樣，但是父母也要引導寶寶理解他人、體諒他人，潛移默化地培養寶寶這方面的意識。

爲此，父母一定要記着，妥協只會讓情況更糟糕。在寶寶長大成人、成熟之前，他根本不知道甚麼才是對自己有幫助的。因此，當寶寶提出不合理

的要求時，大人一味地順從絕對不是爲了他好。很多時候，爲了更好地幫助倔強的寶寶培養一個良好的睡眠習慣，需要更多的時間和耐性。

對待性格溫和的寶寶　仔細觀察很重要

在很多父母的觀念裏，一直認爲性格溫和的寶寶是很好管教的，也很容易養成一套適合自己的睡眠習慣，不過，事實並非如此。

有時候，溫順的寶寶累了，也會變得不隨和，尤其是在入睡難或是半夜頻繁醒來的情況下，這種寶寶常常變得不可理喻，很難順從。爲此，父母要仔細留意一下寶寶最近的狀況，看是否有干擾寶寶睡眠的因素。如果覺得寶寶存在睡眠不足的問題，就要至少提前 1 個小時開始進行睡前程序。

如何解決旅行中突然出現的睡眠問題

「我的寶寶1歲10個月了。雖說我很想帶寶寶出去見見世面，但一想到旅行途中的諸多問題，尤其是睡眠，就想要退縮，不敢嘗試。」

Encyclopedia of sleep

很多父母都希望有一天可以帶着心愛的寶寶一起去度假，可是一說到這個話題就會滿心顧慮：寶寶能否在飛機上安然入睡？上了火車，寶寶會不會到處亂跑，干擾別人？怎樣才能讓寶寶在乘汽車的旅途中保持清醒，以便他在到達目的地時，在晚上能夠按正常時間睡眠？一想到寶寶在旅行途中可能出現的睡眠問題，就會陷入兩難境地，是出發還是留在家裏呢？

事實上，如果父母從來不給自己，也不給寶寶一個機會，那麼，這些顧慮只會讓你瞻前顧後，永遠難以邁出第一步。

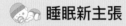 **睡眠新主張**

> 最好不要抱這樣的希望那就是即使在旅行中隨意安排寶寶的睡眠，只要回到家裏，寶寶的睡眠習慣就會立即回到從前。

在旅行途中

當然，也許很多父母會說：「我的寶寶一到陌生環境就會變得很興奮，想要跟平時一樣哄他睡眠，簡直是做夢。」不可否認，這種情況是存在的，寶寶的睡眠習慣很可能會被突如其來的改變打破，但這只是偶爾的一兩個晚上。

不過，如果你已經爲寶寶建立起了良好的睡眠模式，那麼，旅行途中的睡眠干擾往往不太可能將之打破。另外，即使在旅行當地，父母也要儘量遵守家裏的睡眠時間和計劃表哄寶寶睡眠，這樣寶寶在陌生的地方，且是該睡眠的時間段，才可能睡得更好，而且這對避免寶寶晚上頻繁醒來也是相當重要的。

既然是度假，就是爲了享受樂趣，所以。在儘量遵守寶寶的睡眠常規時，也不要使自己陷入困境。如果晚上想到外面去吃飯，而寶寶通常在晚上 8 點左右就要睡眠，那麼就早點出去吃飯好了。

另外，還要保證準備了寶寶睡眠所習慣的所有安慰品，可以是寶寶心愛的玩具、睡前習慣讀的故事書、隨身携帶的毛絨玩具等，這些有利於寶寶更好地入睡。

媽媽把你最喜歡的故事書都帶來了，我們開始講故事吧！

旅行回來後

親子旅行回來後，很多媽媽會發現這樣一個現象：自己的寶寶很難回到日常生活的狀態中。

在這種情況下，很多父母認爲這只是暫時現象，於是使用和之前不一樣的方式哄寶寶睡眠。不過，父母不一樣的行爲往往會給寶寶習慣性的行爲帶來混亂。專家指出，如果這種混亂的狀況持續超過 3 天，寶寶就會丟掉很多從前值得保持的睡眠習慣。

事實上，親子旅行回來後，最好做與旅行前相同的睡眠訓練。若是實在難以做到，也要儘量保持相似的睡眠程序。尤其關鍵的是，爲了避免讓寶寶出現更多的睡眠混亂，請儘量在 3 天之內迅速回到原來的睡眠訓練方法中。

嬰幼兒睡眠
百科全書

作者
劉艷華

責任編輯
嚴瓊音

封面設計
陳翠賢

排版
劉葉青

出版者
萬里機構出版有限公司
香港鰂魚涌英皇道1065號東達中心1305室
電話：2564 7511　　傳真：2565 5539
電郵：info@wanlibk.com
網址：http://www.wanlibk.com
　　　http://www.facebook.com/wanlibk

發行者
香港聯合書刊物流有限公司
香港新界大埔汀麗路 36 號
中華商務印刷大廈 3 字樓
電話：2150 2100　　傳真：2407 3062
電郵：info@suplogistics.com.hk

承印者
美雅印刷製本有限公司

出版日期
二零一九年十二月第一次印刷